職場價值

的待遇，先看看自己做對了沒？

你成爲工作大師！

周成功，康昱生——著

從入職、工作技巧
到人際關係的
58個職場原則

上司總是看不見你的努力？
煩惱應該如何跟同事相處？
工作不順，問題出在哪裡？

一本書讓你理解職場上的應對進退，工作更輕鬆！

目錄

目錄

目錄

目錄

序言——有捨才有得，不捨便不得！

俗話說「魚與熊掌不可兼得」，當我們步入職場後，就會面臨得到與失去。往往不會有人事先告知我們，只能靠我們自己去體會。

我們有必要在此之前了解職場上有那些得失狀況與應對訣竅，不然，會讓我們在職場的道路上步履維艱，有可能犯下難以挽回的錯誤。

既然要想得到，我們就必須要先失去。只有失去了，才會有所得！

而上天向來是公平的，為一個人關上一扇門的同時，卻會為他打開一扇窗。我們沒有必要為職場上的失去而抱怨，其實，正是因為失去，讓我們增加了經驗，從而在職場的道路上走得更穩健。

職場就如同戰場，沒有人永遠是贏家，而勝敗乃兵家常事，我們在失去的時候，要反思我們做的有哪些還不夠，這樣就會讓我們轉而彌補過失，不會總在失去的悲傷中度過。

失去只是我們獲得的過程，沒有失去我們就難以談得上有所獲得。就像世界上總有相反的一面，我們要想達到某種成就，就必須放棄對另一方面的追求，這樣，我們才能

序言

集中精力，不浪費太多的時間花費在其他的事情上，才會水到渠成。

我們必須知道：只有失去了才會獲得，不失去便不會有所獲得，大的失去便會有大的獲得，小的失去便會有小的獲得。

這樣，我們在職場上就能夠從容不迫了。

我們會因為這份胸懷，能夠放下，我們會在放下的同時，有意想不到的收穫。

我們有必要具備這種職場上的素養，它不會讓我們總有倒不盡的苦水，而會讓我們無怨無悔，讓我們在職場的道路順利地走下去。

總有一天，我們會發覺，當初的失去正成就了我們今天的輝煌。正是因為我們當初不患得患失，才有了今天的人生收穫。

因此，行走在職場江湖，總是難免在失去和獲得中度過，我們有必要知道這些，不因失去而鬱鬱寡歡，不因獲得而沾沾自喜，這樣，我們就是一個明智的人，就能在職場中勝出。

本書也正是以此為基礎，讓你在職場上披荊斬棘，即便沒有老闆時時刻刻監督，你也能夠提醒自己，讓這本書成為一盞指引方向的燈，成就美好人生！

原則一　先進好公司還是先拿高薪

人生在世，很多時候魚與熊掌是不可兼得的，職場也是如此，尤其是當我們初入職場做第一份工作的選擇時，取捨問題顯得更為重要。很多職場新人在找工作時，選擇了公司不是很好但薪水很高的職位，結果幾年過去了，工作能力沒有得到良好提升，職位也沒有晉升，薪水依然在原地徘徊，而那些選擇了好公司但起薪低的人反而成長得飛快，幾年就坐到了管理層，不僅薪水跟著水漲船高，而且職涯前景春光明媚。那麼什麼樣的公司算好公司呢？好公司就是那些管理制度成熟，能為員工提供職涯發展空間、培訓機會，基層員工薪水不一定很好，但配套福利完善的公司。

當然，誰都嚮往每到發薪日都有大把鈔票存入銀行的工作，這樣的工作不僅可以使自己生活得很好，而且也有面子，同學聚在一起，一說起誰誰月薪多少，自己也能抬頭挺胸。追求高薪無可厚非，但我們要明白的是，起薪無法決定我們日後薪水的高低，真正影響我們的是在職業最初階段所累積下來的工作經驗和能力。所以我們在初入職場選擇工作時，暫時捨棄高薪，而選擇一家好公司打基礎是較好的決策。

有家電器製造企業本部的楊總經理，剛入職場時的薪水低的可憐，好在他進入的是一家好公司，在這家公司裡他學習、累積了一整套的管理經驗，培養出了很強的工作能力，這為他日後事業的發展打下了良好基礎。

西元一九八九年八月，滿懷理想的楊先生進入一家精密實業有限公司，雖然剛成立不久，不過公司有一定規模，又正規，管理體系完備，員工有良好的晉升空間和機會；生產設備和技術也很先進，

員工可以藉此提高自己的技術能力，只不過，公司給新進員工的薪水普遍偏低，楊先生做的是普通的電腦維修工的工作，薪水不過三萬五千元左右。

剛開始時朋友勸楊先生找個薪水高一點，哪怕公司不是很好的工作，畢竟拿到手裡的錢是看得見的。但楊先生並不這麼想，他覺得進一家好公司才是最重要的，好公司能給自己的東西更多，發展前景、技術能力、管理經驗等都是看不到的無形資產，有了它們以後到哪裡都吃得開。於是，楊先生腳踏實地從維修工做起，一步步被提拔為技術部副主任、主任、生產部廠房主任、生產部經理，不到兩年時間，楊先生已經從技術部跨

進生產部，在這個過程中，他不僅學會了技術，還學會了管理與企劃，這些都為他日後的事業的發展奠定了基礎。當然，隨著他職位的提升，他的薪水也水漲船高，月收入成長將近五倍。

西元一九九四年二月，楊先生進入某電器製造集團。他從分公司一名普通的業務員做起，不久就被提升為分公司副總經理，因為管理出色、業績突出，很快又被提升為市場部經理兼分公司總經理，之後又升任為副總經理兼區域銷售總監等職。

西元一九九八年二月，三十一歲的楊先生被任命為某集團旗下科技公司的總經理，成為進軍資訊產業的領軍人物，現在的楊先生已經成為業界一顆耀眼的明星。

楊先生初入職場時和我們一樣都是平凡的人，但他與我們不同的是，在初入職場時他沒有過分計較自己的薪水問題，而是把目光放得很遠，選擇一家能提供員工發揮空間、帶動個人能力提升的好公司。果如他想，他後來的職業升遷和發展很大程度上得益於他在第一家公司所累積下來的經驗和能力。

現在很多畢業生找工作把薪水作為重要的考量條件。高薪固然好，即使不能讓你錦衣玉食也能讓你衣食無憂；即使不能讓你風光無限，也能讓你備受欣羨。但作為剛畢業的學生，一味追求高薪很容易喪失就業機會或錯選不適合自己的工作，這樣不僅做起來累，而且難以脫離新鮮人狀態，加薪緩慢，挫敗感由此而生，於是對工作心生厭倦。長此以往，工作就變成一種負擔。所以，我們在對待第一份工作時，要將目光放遠一點，不要過分計較薪水高低，先打好基礎，你才有資格爭取高薪。

劉先生剛到這家大型唱片公司的時候，唱片公司開給他的薪水只能勉強維持他日常生活開銷。劉先生知道自己是剛畢業的學生，沒有經驗也沒有紮實的基本功，為了累積經驗，多學習實際知識，劉先生還是留了下來。

這家唱片公司雖是一家頗具規模的公司，但它對待員工並不仁慈，劉先生每天加班，薪水卻只有老員工的百分之七十。劉先生也曾想過辭職另尋工作，但是他知道以他現有的資歷去找工作，即使薪水高也高不到哪裡去，還要花費時間與新公司磨合，算起來成本也不低，還是先打好基礎再提加薪，加薪不成，再另尋公司。

打定主意的劉先生更加勤奮地工作，他的努力很快被他的上級發現，透過一段時期的觀察和考核，劉先生的上級認為劉先生是個可造之才，於是提拔了他，自然薪水也跟著漲了上來。

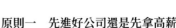

劉先生之所以能夠升遷加薪，是因為他知道一個好公司能帶給他的東西遠比薪水本身更重要，它能帶給他寶貴的經驗和學習機會，以及職涯發展的方向。老闆給我們微薄的薪水，我們當然可以不認真工作，但我們不認真工作的後果是，我們無法有效的鍛鍊工作能力，對自己的工作沒有認同感，也沒有學習到該行業的相關知識……而這些遠比薪水重要得多。所以，我們在初入職場時，不過分關注薪水而選擇一家好公司會是比較明智的。

原則二　正視自我比聽取他人意見更重要

捨得，捨得，有捨才有得，當我們在面臨選擇時，會有很多人給我們提供意見，這個時候我們就要集中精神正視自我，辨別不同意見的價值，捨棄那些不利於我們做出正確選擇的意見。

人們在選擇自己的職場道路時不可避免會聽到各種各樣的意見，來自父母親人的，來自朋友的，來自師長的等等。當眾多意見擺在我們面前時，我們往往會受到不同程度的影響，有的人甚至會動搖內心最真實的想法，做出令自己後悔的選擇。實際上，這些人的意見都是善意而中肯的，但是我們要注意的是，這些人從他們各自的角度去看待問題，他們的意見不一定適合我們，我們必須在正視自我的前提下，衡量這些意見的價值，捨棄一些太主觀或消極的意見，最終做出讓自己無悔的選擇。但凡會做選擇的人都是那些敢正視自己，捨棄他人不合理意見的人，小剛就是其中一位。

三十七歲的小剛決定捨棄金融業轉做航運業務，當他把他的想法告訴給親朋好友時，立即引起一片反對聲浪。有朋友勸他：「你做金融業這麼久了，再進一個陌生的行業很容易栽跟頭！」、「快四十歲的人了還找什麼麻煩？安分過日子不好嗎？航運那麼不穩定，沒有了穩定的收入一家老小怎麼活？」、「航運業是要冒險的，理財的做法比較穩健，你不適合做這一行！」、「也不看看自己幾斤幾兩，放著那麼好的工作不做，跑去做一個連摸都沒摸過的行業！」……面對這些意見和嘲笑，小剛也曾猶豫，但他很快從這些意見中，看到了自己的優勢，他覺得自己理財觀念穩健、行事風格踏實，能夠高度掌握海洋運輸的風險。並且，航運業涉及的業務範圍非常廣，財金、科技、貿易、保險等都與航運業密不可分，航運業是一項靈活的、有國際觀的業務，他在這個行業將大有發展。

於是小剛用七十七萬美元購得一艘舊貨船，航運集團正式成立。

他不像其他經營者採用高租金、短期租的辦法來牟取暴利，而是採用穩健的低租金、長期租的辦法來經營。正是這樣的方式使他尋求到了長期的合作夥伴，得到了長遠的利益。

後來的小剛擁有兩千萬噸的商業船隊，碼頭、倉庫、地產數以千計，總資產一百多億，他成了名副其實的富翁。

小剛能夠正視自我，捨棄消極意見是他成功的主要原因。他在選擇做海洋運輸業時也受到過各種意見的影響，但他最終能夠正視自己，看到了自己行事穩健的優勢，遵循自己內心的願望做出令自己無悔的選擇。正是憑藉著自己所認定的優勢，他在航運界闖出了名堂，成了一代航運巨頭。

我們在職場中做選擇（例如求職、調部門、調地區、轉行、跳槽等）時，我們的親朋好友、師長同窗等都會為我們提供不同的意見，這些意見多是他們根據自己對我們的能力和個性的了解，以及對未來職涯的展望所給出的。不可否認這些意見能夠讓我們更全面的看清自己，更多元地觀察自己職業的發展方向，但我們也不能忘記，這些意見或多或少都帶有主觀色彩，有的甚至帶有很多消極因素。當我們面對眾多的意見時，更重要的是正視自己，看清自己的優劣勢，認清自己內心的願望，刪掉那些消極的、主觀的意見，幫自己做出正確的選擇。

陳小姐想要換工作了，父母希望她找到一個收入穩定、福利好待遇佳的公司去工作；有的朋友覺得陳小姐個性活潑更適合有挑戰性的工作；有的朋友覺得陳小姐雖然活潑但是依賴性強，不適合做衝鋒陷陣的工作；同學認為陳小姐應該找一個既適合自己性格又有職涯發展空間的工作……

本來陳小姐想按照自己的興趣找一家報社做記者，她文筆向來好，時常在報刊上發些小文章，她覺得自己很適合做記者，但是陳小姐有個缺點，那就是她的決斷力不強，容易受別人意見左右。她聽這個說說，聽那個講講，覺得每個人都有道理，而且很多人都說報社怎樣怎樣辛苦，會遇到危險，會有些潛規則之類的，陳小姐越聽越猶豫，最後也顧不得自己的愛好了，便聽從父母的意見去公家機關上班。

工作後的陳小姐時常感到壓抑，總覺得公家機關的環境不適合自己，她還是不甘心放棄自己的記者夢，不甘心自己的才華就這麼被埋沒了，於是她找機會去面試記者職位。就在面試記者時，她碰見了自己的大學同學，原來這位同學已經做了兩年記者，現在有望進入這家業界有名的報社。

面試過後，陳小姐的同學被錄取了，陳小姐此時相當後悔，大學時這個同學的寫作功底和對新聞的靈敏度都沒自己好，現在卻做著自己夢寐以求的工作，如果換工作時直接選擇記者這個職業，現在就不用羨慕別人了。

陳小姐因為沒有決斷力，不能正視自己內心的真實願望，忽略自己的優勢，選擇聽從父母的建議到公家機關上班，結果搞得自己沒有工作熱情不說，還時常感到不甘心、惦記著另換工作。如果當初陳小姐肯正視自己的想法，看清自己的優勢再做出選擇，那麼她就不會後悔莫及了。

我們在面臨選擇時，要捨棄他人主觀色彩強烈或觀點消極的意見，多審視自己，看清自己的優勢和真實願望，做出自己無悔的選擇。

原則三　對自己狠一點受益良多

很多時候，我們沒有收穫是因為工作太過鬆懈，沒有嚴格要求自己造成的。如果我們能在思考時對自己狠一點，那麼我們就會更客觀、真實地思考自己的處境，清楚明白自己的位置和優缺點，對事情的發展狀況有準確的判斷；如果我們在碰到誘惑時對自己狠一點，逼迫自己拒絕，堅決放棄阻礙我們發展的小利益，那麼我們就能逐漸建立起自己積極、正面的自我意識，累積巨大的能量；如果我們在行動上對自己狠一點，那麼我們就能拒絕拖沓、藉口，盡全力做好自己的工作。對自己狠一點，我們可能捨棄的是安逸、蠅頭小利、短暫的心靈平靜，但我們會得到良好的發展、長遠的利益，以及真正的心靈安寧。

有的人在學校時就按照自己的興趣來學習，嚴重偏科；工作以後，老毛病又犯，只做自己喜歡做的事，覺得自己處處都好，公司處處都有問題，一年之內連跳好幾次槽，待業時間比工作時間還長。造成這種局面的原因就是這些人對自己不夠狠，如果他們對自己狠一點，他們就會知道，無論什麼樣的公司都會存在不同程度的問題，別人能夠長時間地待在一個公司，就是因為他們能夠透過腳踏實地工作來實現自己的價值，而不是這山望著那山高，反覆跳槽。不客觀地面對自己、面對問題，一味地把問題歸咎於別人，這就是對自己要求不嚴格，不夠狠的結果。

有的人因為一點小回扣，就促成自己公司與不符合合作條件的公司合作，結果不僅弄得公司利益受損，自己的聲譽和收入也受到了很大影響。能做出這種得不償失的行為的人一定是那些對自己職業操守要求不嚴格的人，也就是對自己不夠狠的人。

有的人工作不認真、能拖就拖、出了問題就千方百計找藉口……結果弄得上司不疼、下屬不愛，同事不喜歡，這也是典型的對自己不夠狠造成的結果。

當我們誠實面對自己、承認自己錯誤的時候，會感到自責，內心會產生遺憾、痛苦種種負面情緒，但這種不寧靜是暫時的。因為我們會透過反省，改掉自己的壞毛病，糾正自己的錯誤，最後做出正確的事。當我們捨棄安逸，努力工作時，我們便能得到同事的認可、上司的賞識、下屬的尊重，這些將更有利於我們自身的長遠發展；當我們拒絕誘惑，踏踏實實地工作時，我們就會獲得公司的信任，得到更多的機會。對自己狠一點，收益良多。有時候，嚴格要求自己還會得到意外的收穫。

李小姐大學畢業後，前往某都市求職，四處奔波後，她和另外兩個女孩被一家公司錄用，試用期為一個月，試用期過後將正式簽訂就業合約。

在試用期的一個月裡，李小姐和那兩個女孩都很努力工作，月末的時候，公司按照她們的業務能力，逐項進行考核。雖然她做得也不錯，但考核結果她始終比另外兩個女孩低幾分。

人事經理讓手下的人事專員通知李小姐說：「後天就是下個月一號了，明天是妳最後一天上班，後天妳就可以結帳走人了。」

第二天，兩位留用的女孩以及其他同事都關心的勸李小姐說：「反正公司明天會發給妳一個月的試用薪資，今天妳就不用上班了啊。」李小姐笑著說道：「我昨天的工作還有一點點沒做完，我做完就走。」下午四點鐘，李小姐忙完了手上所有的工作，又有人勸她提早下班，但她卻笑笑，不慌不忙地把自己工作過的桌椅全都擦了一遍，而且和大家一同下班。她覺得自己必須認真走完最後一哩路，這樣做是正確的。其他員工見她這樣做，也很感動。

隔天，李小姐到公司的財務處結帳，當她剛結完帳要離開時，遇見了胡總裁。胡總裁對她說：「妳不用走了，從今天起，妳到品管處去上班。」李小姐一聽，愣住了，她懷疑自己聽錯了。胡總裁微笑著說：「本來我們是打算辭退妳的，但昨天下午我觀察了妳很久，發現妳是個嚴格要求自己的人，我們品管處就需要這樣的人，剛好那裡有個空缺，妳過去吧，我相信妳到那裡一定會做得很好！」

李小姐就是因為嚴格要求自己，公司才破例留她下來，這是她平日裡對自己狠所得到的收穫。

對自己狠一點，從某種意義上來說是一種挑戰，做自己不願意做，或難以忍受的事情本身就是一種磨練。

一個人挑擔子，如果他的力氣能挑起五十公斤重量，你給六十公斤他就會不舒服，你卸掉十公斤，他就會很輕鬆，六十公斤對他來說就是挑戰。如果他能咬牙堅持下來，漸漸地他就能擔上六十五公斤，甚至比這個更多。工作也是這樣，剛開始面對大的工作壓力無所適從，但當我們的能力越來越強之後，我們會承擔起更大的壓力，負起更大的責任。這樣一來，我們所得到的榮譽、地位、收入也會相應的增加。那麼，我們要怎樣迎接這個挑戰呢？

第一，對自己的承諾要以最大的努力讓它們兌現，對自己的工作要盡全力在規定的時間，按照規定的標準完成。

第二，將事情盡力做到最好。例如，上司讓我們製作一份含有銷量、單價、銷售額的報表，我們也可以將上月的此類報表一起完成，方便上司比較不同產品的銷售情況。

第三，審視自己，不斷修正自己的想法和行為。對待職場上的事情，要多從積極樂觀的方向考慮，認真細心地做好自己的工作。

原則四　抱有為自己工作的心態

很多職場中人都抱有消極的心態，他們覺得，反正公司是老闆的，自己做得好、做得壞，都只拿那麼一點薪水，幹嘛那麼拼命？我只是幫人家做事的，管不了那麼多，誰的事自己去做！公司給我多少錢我就做多少事；應付著做吧，差不多就好……種種消極心態使他們每天按時上班、按時下班、按時領薪水，工作時拿不出一點熱情；他們被動地應付著手裡的工作，機械地完成工作，從不去想工作是了自己的前途和人生。因而，他們得到的也僅剩下手裡那一點可憐的薪水了。

為什麼而工作，都不如為自己工作的心態更能讓自己充滿動力、更能獲得個人的成長，我們要捨棄那些為別人、為金錢而工作的心態，真正抱著為自己工作的態度投入日常工作。

一個做了十幾年木匠工作的老木匠，因為認真、敬業深得老闆的信任。隨著時間的推移，老木匠開始厭倦自己的工作，因為他覺得他總是在為別人做工，自己除了那天薪水，什麼也沒得到。他想另起爐灶自己做，他對老闆說：「我想辭職自己做些生意。」這個老闆很捨不得他走，希望他留下來繼續做，但老木匠去意已絕。老闆沒有辦法，只好答應他的請辭，但條件是他再幫自己造一座房子。老木匠無法推辭，只好答應下來。

這個時候的老木匠已經「身在曹營心在漢」了，他的心思已經不在工作上，反正是最後一次，又不是給自己做的，那麼認真幹嘛！於是他用起料來不再嚴格、做起工來不再精細，能應付的就應付過去，他只想趕快把房子蓋完，趕快辦自己的事情，結果，他草草了事的房子完全沒有往日的水準。

房子建好後，老闆把鑰匙交給老木匠，並對他說：「這棟房子是給你的，感謝你這些年的努力，這是我臨別送給你的禮物。」

老木匠後悔莫及，他幫別人蓋了那麼多品質上乘的房子，到頭了自己卻幫自己建造了一座「危樓」，真是失策啊！當時他以為是為別人工作，沒想到，這份工作是為自己做的。

老木匠以為自己是為別人工作的，所以不嚴格要求房子的品質，結果搞得自己得到了一所「不安全」的房子。如果，老木匠知道老闆讓自己建的房子是給自己的，那麼他將拿出全部的熱情和全部好料細緻入微地建造房屋，那麼這座房子的品質將是他所建造的房屋中品質最高的。為別人工作的工作心態怎麼也比不上為自己工作的工作心態有動力，我們想要在工作上取得成就、在職涯上取得進展，就要捨棄這種「為別人」工作的心理。

總是認為自己是為別人工作的人是做不出成績的，因為不是自己的，所以不上心，因為不上心，所以不盡力，因為不盡力所以沒成績。而那些為金錢而工作的人，除了錢就難以得到其他的東西。

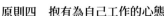

從表面上看，我們每天工作都是為了公司盈利，公司支付給我們的就是金錢，但我們往往忽略了，工作給予我們的除了金錢之外，還有寶貴的經驗、良好的訓練、以及才華的展現。這些東西恰恰能幫我們創造出更多的財富，它們與金錢相比，價值要高出千百倍。工作是提升自己的階梯，是成就自己的舞臺，我們在工作中提升得越多，表演得越精彩，我們獲得的財富和掌聲也就越多。放棄只為「錢」而工作的念頭，明白自己不光是為公司而工作，還是為自己而工作，那麼，我們就會有更大的收穫。

如果我們一心只為了「錢」而工作，那麼我們便不會注重學習和累積，不會注重成長的機會，這樣一來，我們很容易被眼前的利益所蒙蔽，做出錯誤的選擇和行動，最終阻礙或破壞自己的職涯發展。洛克斐勒（JohnRockefeller）說：「我們努力工作的最高報酬，不在於我們所獲得的，而在於我們會因此成為什麼。」這句話的意思就是說，我們表面上是為公司、為金錢而工作的，但實際上，工作的最終受益者是我們自己。

如果我們一心只為了「錢」而工作，那麼，我們終其一生也無法體會到工作的樂趣和成功的喜悅。工作給予我們的，要比我們付出的多得多，如果我們把工作看作是累積經驗、提升自己的機會，那麼我們會在每一天、每一項工作中找到這樣的機會，也會在這個機會中找到快樂和成就感。

薪水是公司對我們的工作行為給予的一種報酬方式，我們更應該注重並珍惜工作本身給我們的報酬。艱難的任務能夠鍛鍊我們的意志；較為陌生的工作能夠拓展我們的知識；與其他同事們一起完成任務可以磨練我們的人格；與客戶、供應商談判可以增進我們的智慧……總之，工作帶給我們的是成長和成熟，這才是我們最大的財富。

「為別人而工作」的工作心態不會使我們受益，「為金錢而工作」的工作心態不會使我們有長遠的發展。只有「為自己而工作」的工作心態，才能給我們原始的動力，幫我們累積經驗、能力等潛在財富，為以後的厚積薄發做準備。所以，我們要捨棄那些「為別人」、「為金錢」等消極心態，真正地為自己而工作。

原則五　只有付出才會有收穫

古人說：「欲取之必先予之。」意思就是說，想要得到，就必須付出（給予）。這句話言簡意賅地反映了捨與得的關係，付出是條件，收穫是結果。付出並不一定有收穫，但不付出就一定不會有收穫。

有人會說，中百萬大獎的人沒付出什麼，不是一樣有收穫？事實上，這種機率只有千萬分之一，不要相信你就是這千萬分之一中的一員。即便我們真的中了百萬大獎，也會終日裡擔心這筆飛來的橫財會給自己帶來麻煩，吃飯睡覺都不會香甜；有人說，那些富二代沒有付出過什麼，卻能得到鉅額的財產？我們要明白，這些鉅額的財產也是富二代的爸爸經過艱辛的付出獲得的，如果我們沒有這樣的爸爸，對不起，我們只有透過勤勤懇懇付出才能得到自己想得到的。況且，就算富二代繼承了萬貫家財，如果他不付出，也會因為坐吃山空，將財富耗盡；還會有人說，那些年輕、貌美的女孩子沒付出過什麼，卻能享受著錦衣玉食的生活？她們付出的是青春、尊嚴抑或其他。總之，想要有所收穫就要付出。

在職場上，付出與收穫更為明顯。人際關係上我們不付出，就得不到大家的尊重和認可；工作上我們不付出，就得不到升遷加薪的機會。我們與同事交往時，若拿不出真誠的態度、合作的精神，那麼我們就得不到同事的認可或配合；我們與上司交往時，若拿不出尊重和服從，那麼我們就得不到上司的滿意和賞識。而在工作當中，如果我們不腳踏實地付出就很難創造出業績，業績不好自然不會得到上司的賞識，也就無法獲得升遷加薪的機會。總之，沒有付出就不會有收穫。

林先生現在已經是專業經理人了，他在剛剛工作之初就是個肯付出的人。因為他知道，只有付出才會有收穫。

進入公司第四天，尚在培訓期間的他，就進入了一個實際的「娛樂產品」專案開發。當時他發現，因為專案啟動太快，所以，在使用者介面和功能細節方面只有委託人的部分描述，沒有詳細完整的說明和執行規劃。於是，他在工作之餘，將所有客戶描述的介面和功能進行分析整理，接著再把對應的所有可能在紙上反覆推演，然後記錄下每次推演發現的問題和漏洞，之後再對應這些問題和漏洞擬定解決辦法。

就這樣，他花了兩週的時間，完成了一份詳實的「使用者介面和功能」設計說明交給了上司，上司看了他的說明後眼前一亮，認為這份報告不失為專案良好進展的執行參考文件。隨後上司交給他一個獨立模組讓他進行開發。

按照規定林先生的模組應該在九月底完成，當林先生按時完成任務後，出於對自己工作的不放心，他在接下來的連假期間，自發加班將模組改寫了一遍，去掉了潛在的風險。放完假回來後，林先生向公司提交了一份安全穩定的模組。上司對林先生的工作態度和工作能力都很滿意，他開始注意這個平時低調內斂的年輕人。

很快，林先生又遇到了專案測試的問題，測試將近的時候，每個人工作時都很緊張，很少有人抽出時間與測試人員交流、幫助測試人員熟悉環境。林先生看到這種現象後，主動與測試人員交流、配合，測試人員在感到林先生工作細緻、認真的同時，也感到他為人熱情、友善，於是都願意配合他工作，最後林先生很順利地協助測試人員完成了測試。

當專案測試完成時，林先生被公司任命為專案負責人。當時做為新人的林先生有些好奇，就問上司為什麼選他當專案負責人。上司是對他說：「我觀察你一段時間了，你工作積極、努力、肯付出，是個勤奮的人。在這個『娛樂產品』的專案中，你不僅出色地完成了自己分內的事，還額外投入，保證專案的順利進行，這種精神和能力不是誰都有的。」

林先生明白了，上司們更傾向在看到下屬完成任務的能力後再把任務交給下屬，而不是先把工作交給下屬，再來驗證他的能力。

林先生因為在工作上努力付出，所以，很快被上司發掘，得到了參加重要專案研發的機會，而他在專案中的付出使他的能力彰顯，因而進一步加深了上司對他的器重，最後被提升為專案負責人，林先生在工作上的付出得到了回報。而他主動與測試人員交流，為他們提供資訊，幫助他們熟悉環境，也使得這些測試人員方便測試，這些人對他讚不絕口。所以說，要有所收穫，就一定要付出，不管是在人際關係上，還是在工作上。

職場上，有很多人為追求輕鬆、安逸，不願意多做付出，因而他們與同事，與升遷加薪都有很大的距離，如果我們不願意多做付出，就不要抱怨上司不欣賞我們，同事冷漠對待我們，因為得到是付出的前提。

原則六　專注做好手頭的工作

專注是與三心二意相對應的，我們都知道三心二意做不成事，只有專注才能把事情做好。專注的力量相當強大，當我們專注於眼前所做的事情時，就會想盡辦法把這件事做好，這一過程會大大激發我們的內在潛能，自然而然地提高我們的綜合能力，為我們未來的發展奠定基礎。

職場上時常有一種人，他們總是匆匆忙忙地選擇一個行業或公司，總是做著這個的時候，心裡想著那個，他們把大部分的時間用在了想像、選擇、嘗試上，剩下的精力和資源根本應付不了眼前的事，所以到了最後，不但其他的事沒有個眉目，就連眼前的事也失敗了。這就是為什麼同一年畢業的人，多年以後有的人事業有成，而有的人一無所有的原因之一。

現在社會分工趨於精細化，沒有一個人能做到樣樣精通，如果我們想在職場上獲得一席之地，必須要有自己的看家本領，而這個本領只有透過專注才能培養出來。我們把自己全部的精力、時間、能夠調動的資源用在同一件事情上時，我們所形成的本領和競爭力自然會增強。而那些想法繁多，目標分散的人，要麼東一下、西一下，頻繁轉換工作內容，要麼多方面同時出擊，忽略本分。因為不專注，力量無法集中，所以很難在該做好的工作上取得成績，因而，在參與競爭時也很容易被淘汰出局。

所以，我們在工作時要捨棄那些令我們三心二意的想法，專心致志、集中力量做好手中的工作。

所謂的專注，最簡單的概念就是一次只做一件事。不管在職場還是在商場還是在其他什麼場，那些一次只做一件事的人最容易取得成功。當我們決心把身邊的事做好時，我們也就有了明確的目標，也就會知道哪些事情需要優先處理，在遇到困難時也就不會輕易動搖。因而，這樣的人更容易成功。

愛丁堡（Edinburgh）中央車站的詢問臺大概是世界上最擁擠的地方了，每天，這裡都會人潮洶湧，匆忙的旅客都爭著詢問自己的問題，希望趕快知道自己的答案。對於工作處的工作人員來說，這裡可不是輕鬆的地方，他們要應付的不是一個人，也不是一群人，而是一波接一波的人潮。但是，有一個工作人員卻鎮定自若，似乎一點都不緊張。

一位矮胖的婦女站在這位工作人員對面，汗水已經打透了這位旅客的絲巾，她看起來焦慮不安。工作人員不疾不徐地問：「妳要去哪裡？」婦女說：「我要去春田」「是俄亥俄州的春田嗎？」工作人員問。「不是，是麻薩諸塞州的春田。」「先生，能不能請你快一點，我趕時間！」站在婦女身後的男士湊近催促這位工作人員。工作人員頭也不抬地說：「那班車在十分鐘之內發車，現在停在第十五月臺，妳去吧！」「你說的是第十五月臺嗎？」「是的，太太，是第十五月臺。」

矮胖太太問完後轉身走了，工作人員立即把目光轉移到那位男士身上，不久，那位矮胖太太又跑回來問：「你剛剛說的是第十五月臺吧？」這次，工作人員沒有搭理這位太太，而是把注意力集中到這位男士身上。

事後，有人請教這位工作人員：「能告訴我，你是怎麼做到不看列車時刻表就能指出它的時間和位置的呢？面對眾多旅客你又是怎麼保持冷靜的呢？」工作人員笑了笑回答說：「我並不是在和眾多旅客打交道，而是單純地處理一個旅客的問題，忙完一位就換一位，這一整天中，我只為一個顧客服務一次。」

事實確實如此，如果一個人一次只做一件事，那麼他就可以靜下心來，心無旁騖地向目標奮進，而這恰恰是把事情做好的前提條件。這位工作人員一心一意，一次只服務一個顧客，他便有精力認真解答每一位顧客所提出的問題，如此一來，他的服務品質和服務速度自然要高於其他人。

如果我們好高騖遠、心浮氣躁，那麼我們將什麼都抓不到，最終一無所獲。我們假設，這位工作人員不分先後，聽到什麼問題就回答什麼問題，那麼，很可能形成一種狀況，想要問很多問題的人只聽到一個問題的答案之後便被其他人搶走了提第二個問題的機會，這樣，他想深入了解或確認的內容就沒法繼續了解和確認，他能做的只是再次發問。如此一來，不僅工作人員的工作量會大大增加，就連旅客的時間也會被耽誤。

專注，是我們做好一件事的前提條件，如果我們不想四處撒網卻撈不到魚，那麼我們就要學會專注。而要做到專注，我們就要先從思想上捨棄雜念，專心致力於一個目標的執行。注意，目標必須是一個，不能是兩個，也不能是三個或更多；選定了目標之後，我們要給自己設定一個專注目標的時間，從何時到何時是我們必須為這個目標奮鬥的時間。這樣，我們就可以專注集中意識到一個方向、一個目標、一個問題上面。

原則七　把不喜歡的事做好

捨與得是不分家的，想要得到就要有捨棄，想要升遷加薪，就要捨棄安逸、清閒；想要得到同事認可，就要捨棄一部分小脾氣；想要贏得與客戶的合作，就要捨棄一些小利益；想要有長遠的發展，就要捨棄眼前的誘惑……沒有捨是不會有得的，如果我們想得到鍛鍊自己、展現自己的機會，那麼我們就要多做一些事情，甚至是自己不喜歡的事情，只有做事才能表現出我們的能力和風範；只有先做好自己不喜歡的事，以後才可能有資格做自己喜歡的事。

因為現代社會競爭激烈，很多人所從事的工作並非自己所喜歡的工作，有的人能夠接受這種現狀，努力做好自己的本職工作，而有的人則因此產生消極情緒，從而用一種消極的方式對待工作，例如由不喜歡所衍生出來的緊張、沮喪、抱怨、氣憤等，使我們在對待工作時做出拖延、回避或敷衍等行為。而這樣的行為在為其他同事帶來不便的同時，也會引起上司的不滿，因為公司裡的工作是有程序的，一個環節出現問題，就會影響到下一個環節的運作，所以，我們的拖延、回避或敷衍直接影響了操作下個環節的同事，這樣必然引起同事的不滿。因為我們的效率低，上司也必然不會給我們好臉色看。

面對自己不喜歡的工作，再加上人們的不滿和輕視，最終會導致我們對工作越來越沒有興趣，能保住飯碗就已經不錯，更別說什麼升遷加薪了。

事實上，職場上有一部分人，他們並不喜歡自己的工作，但是他們要麼懷抱著強烈的責任心把工作做到了最好，要麼在工作中探尋工作的樂趣，一步步培養出了對工作的熱情。這些人不但在不喜歡的工作中磨練了意志，同時也贏得了同事的尊重和上司的賞識。

不管當初我們基於什麼原因不得不選擇自己不喜歡的工作，既然選擇了我們就要拿出自己的責任心，認真地對待這份工作，把工作做好。有時候，我們所感覺的不喜歡，並不是這份工作真的沒有樂趣，而是我們沒有從中找到樂趣，沒有做這件事的成就感。如果我們能用責任心要求自己做好不喜歡做的工作，那麼我們會漸漸地發現這份工作的意義所在，也會對這份工作產生興趣，進而做出好的成績來。

沈先生在公司工作已經一年了，當初選擇這份工作是因為這家公司的待遇好，並不是自己喜歡。他的打算是，先做這份工作，有了工作經驗再跳槽。所以，他在工作的時候並不用心，經常拖延、敷衍了事。操作下個環節的同事拿他也沒辦法，只好不停催他，催久了，沈先生就開始反感，遇到心情不好的時候，他還會和催他的同事爭吵幾句，結果搞得同事們各個都怕他。上司因為他怠慢工作責罵了他好幾次，但每次他都答應，滿口好好好，只是用不了多久他又重蹈覆轍。上司之所以不辭掉他，是因為上司認為，沈先生不是能力不夠，是熱情不夠，如果嚴格要求，他會有所改進，況且再招人所花費的時間和成本還不如培訓他划算。

沈先生在做到第二年的時候準備要跳槽了。他騎驢找馬找了很多家公司，結果都沒有被錄取，原因是他沒有那方面的工作經驗，而在現在的工作崗位上，他又沒有做出能說明他工作能力的成績。對於跳槽心灰意冷的沈先生決定做出些成績後再跳槽。

此後，沈先生像變了個人似的，對自己的工作盡心盡力地完成，工作量多的時候，加班也要完成，同事們對他的改變既驚訝又慶幸，因為他們的工作可以順利進行下去了。上司更是對他刮目相看，原來不主動的沈先生真的發揮實力時，成績也是相當優秀。他不失時機地表揚了沈先生一番，沈先生心裡相當高興，我也有今天啊！

讓沈先生自己都奇怪的是，他在不知不覺中對工作產生了興趣，原來枯燥的報表竟然能活生生地反映出公司的運行狀況，這實在太有趣了！再加上上司連續不斷的表揚，他覺得自己的工作能力越來越強了，說不定哪一天自己就能成為公司的中層、高層……到時候自己就有閒暇時間做自己喜歡做的事了。

想要工作一年就離開的公司的沈先生現在依然留在公司裡，他已經成了公司的中階主管。

沈先生因為不喜歡自己的工作，所以起初經常拖延、敷衍，結果搞得同事不喜歡，上司不欣賞，自己也活得不得志。後來，因為跳槽不遂激發了鬥志，努力投入到工作中，並在工作中找到了工作樂趣，獲得了成就感，進而越來越有幹勁，最終坐上了中層管理者的位子。

我們要在職場上取得一定的成績，就要捨棄一些喜不喜歡、願不願意的想法，一旦選擇就要堅持下去，盡最大的努力把事情做好。只要我們肯努力，肯鑽研就會找出工作中的樂趣，就會得到讓我們滿意的結果。如果我們連不喜歡的事都能做好，那麼又有什麼困難我們阻擋我們呢？

原則八　忙要忙出成果來

我們每天都說忙，都在忙，忙似乎已經成了我們現代生活的一種常態。但我們忙出了什麼呢？業績上有大幅度的提升嗎？家庭受到良好的照顧了嗎？生活安排得井然有序嗎？有的人有，而有的人沒有。為什麼？因為每個人的效率不同。盲目的忙，無序的忙，往往越做越忙，卻得不到應有的成果，而有效率的忙，則會收到事半功倍的效果。如果我們真的忙，就要捨棄那些盲目的忙、無序的忙，忙出效率、忙出成果。

在我們周圍時常會發現這樣的人，他們每天上班匆匆的來，下班遲遲的走，就連午休也埋頭在文案中，但每到月末績效考核他們都是部門裡墊底的。這些人也會感到困惑和失落，為什麼自己辛辛苦苦、腳踏實地卻沒有成果呢？問題就出在效率上。沒有效率的忙只會浪費時間和精力，不會有良好的收穫。

張小姐是個工作沒有計畫的人，她知道自己的工作範圍和職責，但從來她不對自己的工作進行管理，每天該做什麼，每個時間段該完成哪一項任務，她從不細心安排。有時候，工作中會有很多繁雜的小事，比如說，收發信件、填寫工作表格、做備忘錄等，她會很認真地研究一番，因此花費了不少時間。偶爾，上司或同事請她幫忙，她會義不容辭幫忙處理，但等她處理完別人的事情，再來做自己的工作時，她已經打亂了先前的工作思路，還要重新再整理。

最要命的是，張小姐人緣非常好，她的朋友格外的多，有時候朋友遇到煩心的事找她聊天，她也不管是不是上班時間，拿起電話就說個不停。少則半個小時，多則一個小時，電話講得很愉快，工作卻要拖到下班後才能完全完成。

張小姐每天都忙得團團轉，但業績卻讓上司大跌眼鏡，上司覺得張小姐這個人雖然勤奮、但不太聰明，不趕的事情交給她還好，如果需要應變和緊急處理的事情，她可能搞不定，因而她不太適合做主管。所以，在每次部門主管出現空缺時，上司都不會想到她。

張小姐搞不懂，為什麼自己會這麼忙，也搞不懂為什麼自己在公司已經三年了，上司卻一點沒有提拔她的意思，她感覺工作真是沒什麼樂趣。

張小姐因為工作盲目、沒有計畫，又不分事情的輕重緩急，再加上總是做一些與工作無關的事情，結果時間在無形之中流失，自己卻忙亂不堪，同時也使得上司懷疑她的工作能力，不敢重用她。

在職場上，像張小姐一樣的人還有很多，實際上，我們完全可以不必那麼忙，即使忙也能忙出成果來。重要的是，我們要找到提高工作效率的方法。

要想提高工作效率，忙出成果，首先要捨棄那些盲目的忙，替自己設定工作目標，制定工作計畫。設定工作目標，能夠幫助我們分清哪些工作是第一優先，哪些工作可以在一小段時間內集中處理，而制定工作計畫可以改善我們忙而無序的工作狀態。

按照自己的工作內容和工作量，每天下班前給自己訂一個第二天需要完成的目標。有了目標，我們就有了壓力，就不容易被外界干擾，就知道該最優先、花最多力氣處理哪些事情，這樣一來，我們就保證能完成主要的工作內容，也就能有所成果。

我們每天要處理的工作不外乎事務性和思考性兩種。如果我們把所做的工作明確作出區分，之後再區別對待，那麼我們很可能會收到事半功倍的效果。

事務性的工作，例如，收發郵件、寫信、填寫表格等例行公事、性質相近的工作，不需要我們太動腦筋，我們只要按照流程，把它們集中到某個時間段來完成就可以了。而那些思考性的工作，需要我們集中精力、一氣呵成，因此，我們要它做為工作的重要目標，仔細思考。

有了工作目標還要制定工作計畫，制定計畫不是為了向自己施壓，而是讓自己記住自己該做哪些事。我們每天要處理大量的工作，如果我們忙而無序，那麼我們很容易丟三落四，忙完了這個忙那個，結果還是有事情沒有做。有了工作計畫後，我們可以把計畫記在一個工作本上隨時翻看，提醒自己接下來該做什麼事情了，這樣一來，我們就不會再有事情忘記做的情形。

另外，為了保證工作的順利進行，我們還要主動排除一些干擾。比如說，我們正專注於手頭上的工作時，上司突然交給我們一項不重要的事情要我們處理，或者同事找我們幫忙處理一些並不緊急的事務，這個時候，我們要學會拒絕，不然，整天陷在別人的事情中，非但自己工作無法完成，還可能吃力不討好。

而在工作時間，有工作以外的事情找上我們的時候，我們要回絕或延後。比如，我們正在工作，好朋友或家人的電話突然響起，這個時候，我們要適當地了解情況，如果不是亟待解決的問題，可以約好在休息時間長談。這樣既可以保證自己的工作不受影響，又可以使那些找我們的人不受冷落。

總之，我們要想取得工作成果，就要捨棄那些盲目的、無序的忙，忙出效率來。

原則九　努力也需要技巧

想要得到某一樣東西，除了要付出努力外，技巧也是必不可少的。想要得到異性的愛，除了付出真心外，還要講究追求的手法和技巧；想要廣受歡迎，除了努力使自己具有人格魅力外，還要懂得抓住別人的心理；想要上司的賞識，除了業績好、人緣佳，還要能「秀」出自己；想要下屬尊重，除了自己以身作則外，還要把握管理尺度；想要同事配合，除了自己配合同事外，還要會發出求救訊號；想要得到客戶訂單，除了拿出真誠的態度，還要懂得行銷技巧……總之，要達到目的，光是努力並不夠，它還要我們運用一些技巧。

職場中人沒有幾個不希望自己能加薪升遷，但我們要從眾多的競爭者中脫穎而出，除了工作上的努力外，還要展現自己。如果我們窩在牆角不肯見人，就算我們工作再努力，也無法得到上司的賞識和重用，同事也無法了解、佩服、重視我們。有時候，機會並不眷顧我們，那些和我們創造同樣業績的人能夠加薪升遷，而我們卻無人問津，為什麼？因為我們缺乏讓人關注的技巧，這個技巧就是表現力。當我們覺得沒有機會時，我們不妨使用一些技巧，經營出自己的機會。

很久以前，有個才華洋溢、技藝精湛的青年畫家在巴黎闖蕩了很多年卻默默無聞。他的畫一張也沒賣出去，所以一貧如洗。年輕人很苦惱，他知道巴黎畫廊老闆們只寄賣大畫家的作品，年輕畫家根本沒有機會使自己的作品進入畫廊。

年輕人絞盡腦汁也沒有想到辦法，就在他幾近絕望之際，一件事給了他很大的啟發：這天，年輕畫家來到畫廊門前，他看見一些年輕的顧客正在向畫廊老闆詢問有沒有年輕畫家的作品，畫廊老闆沒有這樣的作品，年輕的顧客只好失望離開。年輕畫家跟在年輕顧客後面，看見他們又去了幾家畫廊，結果還是滿臉遺憾地走了。

於是，這位年輕的畫家用身上僅剩的錢雇傭了幾個大學生，讓他們每天到巴黎大小畫室四處閒晃，每人在臨走的時候都要詢問畫廊的老闆有沒有這位年輕畫家的畫，在哪裡能買到他的畫。畫廊老闆們這時候傻眼了，他們後悔為什麼當時沒有賣下年輕畫家的畫。就在畫廊老闆們心急如焚的時候，年輕畫家出現了，他的畫迅速遍布巴黎大大小小的畫廊，他也因此聲名鵲起。

這位年輕的畫家就是偉大的現代藝術創始人畢卡索。

畢卡索在未出名前根本沒有展現自己才能的舞臺和機會，而他卻能主動經營出機會來，為自己打造出「大畫家」的形象，最終得到畫廊老闆的邀稿，以致一夜成名，我們不能不佩服畢卡索的聰明。我們在職場上行走，如果能像畢卡索一樣在沒有機會的條件下，為自己創造機會走進上司視野、走進同事視野、走進客戶視野……那麼，我們距離升遷加薪的日子也就不遠了。

職場上有些人不聲不響埋頭苦幹，在他們看來，只要他們努力就會得到應有的獎賞，他們覺得每個員工的表現老闆或上司都會看在眼裡，但實際上，老闆與上司的精力也是有限的，不可能觀察到每一個人，他們的注意力更容易集中到比較顯眼的人和事上，默不作聲、老老實實的人反倒容易被忽略。加上職場中爭搶功勞和暗箭傷人的事件時常發生，我們的努力付之東流可能自己都不知道。

如果我們不想繼續坐在冷板凳上失魂落魄或蹲在角落裡顧影自憐，那麼我們就要學會「秀一秀」自己，讓別人見到我們的亮點。只有這樣，我們才有機會爭取到我們想要的東西。「秀」是使自己脫穎而出的技巧，而「秀」本身也是需要技巧的。那麼，在「秀」的過程中要注意哪些問題呢？

第一，「秀」要掌握程度。過度作秀顯得虛假，會讓自己失去人緣；太老實會使人覺得自己沒能力，不會得到尊重和提升。做秀最好是在你有一定的能力，又掌握好時機的情況下。例如，你對行銷企劃有高明見解，那麼就要多多在上司和同事面前表達你的觀點。

第二，「秀」要找好時機。做秀是要與時機相配合的，在不適當的時機做秀，很容易讓人產生反感。例如，上司指責一個同事做事怎樣怎樣時，你插嘴進來說該如何如何，這就很容易引起同事不滿，同時上司也會認為你既然知道怎麼不早說，兩面不討好。

第三，「秀」要找對場合。一般在會議或活動中發言，能夠吸引上司或同事的注意，也不容易引起他人不滿。

總之，如果我們想要升遷加薪，就要引起別人的關注，而要想引起別人的關注就要「秀」出自己。如果大家不想被埋沒，那麼就不要光是埋頭努力，也要適當地秀一秀自己。

原則十　做好配角才能做主角

生活中總會有些人抱怨自己不是主角，只是個無關緊要的跑龍套的小角色，實際上，這種想法嚴重阻礙了自己的進取和發展，很多明星都是從跑龍套開始的，要是連跑龍套的經驗都沒有，又怎麼能演繹好另一個人的人生呢？跑龍套是成為主角的第一步，而男女配角的作用就更不容忽視了，他們是推動情節發展的主力，沒有這些配角，兩個主角就成了說雙口相聲的演員。所以說，演好配角的意義非同一般，對個人來說，把配角演好就很容易成為下一部戲的主角，退一步說，就算演不上主角，也可以成為王牌綠葉，這個時候，作為綠葉的價值就和剛剛跑龍套時候的價值是不可同日而語的。對整部戲來說，一個好配角是這部戲取得成功的重要條件。所以，我們在日常生活中要捨棄個人主義的想法，演好配角。

同樣的，在職場上，我們可能只是公司裡一個小小的職員，我們每天處理的是繁瑣的小事；每天面對的是服從、聽命、配合；我們不能按自己的想法來決定、實施某個方案，不能完全自主地解決工作中遇到的諸多問題……總之，我們會有渺小感，會覺得自己是可有可無的小配角。實際上並非如此，就像戲劇裡的配角一樣，我們的工作雖小，但卻是一個公司正常運作的基礎：公司裡的每一個職位都是與其他職位相連繫的，如果一個環節出了問題，其他環節也會受到影響。另外，我們可以透過做小事來鍛鍊自己的工作思維、培養自己的工作能力，最終成長為能夠獨當一面的將才。

趙先生大學畢業後進入一家雜誌社當起編輯，在同學眼裡，這是一份體面舒服的工作，但趙先生卻倍感壓抑。

當初雜誌社的主管看重他是因為他出色的文字功底，但真正進入工作職場的趙先生卻處處碰壁，上司沒有安排編輯工作給他，而是讓他為老編輯打雜，跑印刷廠，看排版公司，設計封面、聯絡作者……總之，離動手寫文章、編輯修改文章的工作內容相差很遠。

不僅如此，他還時常被上司教訓得體無完膚，什麼做事速度慢啦，排版排得不符合出版要求啦，作者反感你的溝通方式啦等等，這讓趙先生很沮喪，自己在學校裡也是出類拔萃的人物，怎麼到了職場就行不通了呢？

有一段時間，趙先生很困惑，真想和上司大吵一架，然後拍拍屁股走人。但後來，他還是想通了：或許，上司讓自己做這些小事有他自己的用意！他之所以教訓自己，是因為上司看重他，認為他還有培養的價值，說的不好聽一點，「誰會踢一隻死狗呢？」，如果自己真的沒有價值，上司也不會嚴格要求自己。當初被上司選進公司，是因為上司認為自己有做編輯的能力和天賦，但能不能做好這份工作還要看自己的表現才行。

此後，趙先生開始認真地工作，不僅盡全力把這些看似零散的小事做好，還主動幫助老編輯修改文章。漸漸地，趙先生明白了，上司之所以讓自己做那些小事，是因為編輯工作不只是處理文字這麼簡單，還要對整個版面負責。如果他對雜誌的封面、插圖、排版樣式等相關內容沒有了解就很難把編輯工作做好。領悟到這些後，他更加積極地配合起上司和同事的工作，凡他經手的工作，幾乎到了無可挑剔的地步。

上司看到趙先生的工作狀態漸入佳境，便找到趙先生說：「你可以真正地做編輯了，以後我會把一些任務派給你做。」趙先生果然不負上司的期望，出色地完成了任務。漸漸地，他成了雜誌社的中流砥柱。

在職場上，員工與上司互相配合，對於企業和員工共同發展有著重要的作用。如果趙先生不配合上司的工作，上司要他做到十分，他只做到五分或者根本就不做，那麼不僅編輯流程無法順利完成，就連他能否留下來都成問題。趙先生在做好「配角」的同時，學習到了一系列「主角」該具備的特質，這為他後來成為雜誌社的中流砥柱打下了基礎。所以說，演好配角不僅為了別人，也是為了自己。

配角重要的工作就是配合，不僅是配合上司，還要配合同事，更要配合客戶。但在職場上，很多人並不願意配合上司和同事，尤其不願意配合同事。當自己工作緊張或任務繁重的時候，他們常常想的是怎樣快速完成自己手頭的工作，而不願意分給別人一些時間和精力。他們認為，只有這樣才能做出成績，成就自己。但是，他們得到的結果卻不盡如人意。不願意配合同事工作的人，會遭到同事的反感和排斥，當自己有需要同事配合的工作時，同事就會以其人之道還治其人之身，不配合這些人的工作，因而他們的工作也難順利進行，成效自然就會降下來。

我們對待客戶要花更多的精力來配合，因為客戶是公司的上帝，是公司的利潤來源。客戶的合理要求要盡最大努力滿足，與客戶的合約務必履行，客戶的意見要認真聽取……要盡最大努力做好「配角」工作。

配合上司、配合同事、配合客戶，不僅能使我們自己得到進步，還會使我們獲得良好的人脈和聲譽，這些職場軟實力是我們職場立足的硬道理。因而，我們在工作中要捨棄那些不願做小事、做配角的想法，努力把自己的角色詮釋好。只有這樣，我們才會有機會做主角。

原則十一　差不多不如做到位

捨，也可以理解為付出，人說，付出就會有回報，但實際上，付出與回報是不成正比的，不是你捨多少就會得到多少，比如說，我們去找一個客戶談生意，我們千方百計地取得了客戶的信任，使出了九牛二虎之力讓客戶答應與我們簽採購合約，結果，就在我們興高采烈準備與客戶簽約的前一天，客戶突然告訴我們說，他找到了另外的供應商，取消與我們的簽約計畫。我們為此付出了很多、捨了很多，但我們並沒有得到成果，我們差的就只是那麼一點，結果卻等於沒做。差一點實際上就是差很多，所以，我們在工作上要捨棄差不多就好，努力將工作做到位。只有這樣，我們才能取得想要的成果。

很多人做事情不到位，往往是因為完成了事情的九成就自以為大功告成了，於是，心態開始鬆懈，忽略了最後的那一成，而恰恰這一成決定了事情的成敗，為什麼？因為只有做好最後的一成，我們的成果才能顯現出來，缺少一點都不行。

如果我們總覺得自己做的和別人做的差不多、已經足夠了，那麼，我們就得不到加薪升遷的機會，上司的眼睛是雪亮的，他憑什麼選擇與別人差不多的我們來做別人的主管呢？他又憑什麼幫「差不多」的我們加薪呢？只有把事情做到位，我們才能得到主管的賞識，才能得到升遷加薪的機會。

王先生與李先生同時受雇於一家商店，開始時兩個人都領一樣的薪水。但是過了一段時間後，王先生屢屢被老闆提拔，薪水翻倍，而李先生卻仍然在原地踏步。

李先生到老闆面前發牢騷，老闆聽完李先生的抱怨後，對他解釋說：「我無法提拔你，是因為你做事做不到位，執行力不強！」李先生不明白老闆的意思，老闆只好想了一個辦法讓李先生明白他與王先生的差別。

「李先生，你到市場去一趟，看看今天早上有賣什麼東西。」老闆派了一個任務給李先生。李先生在市場上逛了一上午後，回來向老闆彙報說，今天有一個農夫拉著一車馬鈴薯在賣。「有多少？」老闆問他。李先生一臉茫然，「那麼價格是多少呢？」老闆又問，李先生一點也沒有注意到這個問題。

老闆看著李先生的樣子說到：「你坐在這裡，看看王先生是怎麼做的！」

王先生很快從市場上回來，向老闆報告說：「市場已經散了，現在只剩一個農夫在賣馬鈴薯，還有二十袋，價格是一斤三十塊錢，馬鈴薯的品質很好，我拿了一個回來給老闆看看。」說著，王先生把馬鈴薯遞給老闆。他又接著說：「那個農夫說，明早他要運幾箱番茄過來，我看他的價格還算蠻合理的。昨天，我看了一下庫存，我們的番茄已經不多了，我想老闆可能需要這些番茄，所以我不只帶回了番茄的樣品，還帶回了那個農夫，現在農夫在外面等您！」

聽著王先生的彙報，李先生目瞪口呆。老闆轉臉問李先生：「你知道為什麼王先生的薪水和職位都比你高了吧？」

王先生之所以得到老闆的提拔和重用就是因為他將工作做到了位，他不但用短暫的時間弄清楚了市場上有什麼，有多少，售價怎樣，還帶回了馬鈴薯的樣本，更重要的是，他還是先算清自己庫存缺少番茄，直接將農夫帶了回來。有這麼細心的員工，哪個老闆會不高興呢！將事情做到位，才能取得工作成果，才能拉開與別人的差距，才能被老闆和上司賞識。

做事並不難，人人都在做，天天都在做，難的是把事情做到位，做成功。有的人只管上班，不管貢獻；只按照上司的吩咐做事，不去計較結果；能敷衍的就敷衍、能拖的就拖……這些都是做事做不到位的表現。從這些表現中我們就可以看出，做事不到位，不僅不利於個人取得成績，也不利於工作效率的提升，影響公司的發展。所以，「差不多」先生不必抱怨自己沒有機會，也不必抱怨上司對你不公，這一切都是你自己造成的。

如果我們拒絕做「差不多」先生，要從哪邊開始改變自己呢？

第一，盡最大努力縮短完成工作的時間。在保證品質的前提下，盡量縮短完成任務的時間，這樣企業的時間成本花費就少，老闆自然高興。

第二，注重細節。多問幾個為什麼，怎麼樣，多觀察公司運行情況。例如，你做銷售，就要知道哪幾個產品賣得好，為什麼賣得好，而哪些產品賣的不好，為什麼不好，問題出在哪裡。研究出這些就容易對症下藥。

第三，拒絕平庸。職場成功人士絕不會以平庸的表現自滿，他們不管做什麼事情，都會全力以赴、追求完美。當我們感到工作索然無味的時候，當我們覺得無所突破的時候，我們要問問自己，還能不能做得更好？這樣問下來，我們就會發現自己還有提升的空間。

第四，拒絕得過且過。當上司對我們說：「這次就算了吧，下次要好好做！」的時候，就表明他對我們的工作是不滿意的，這個時候不如嘗試著再努力一些，把事情做到完美，給上司一個驚喜。這樣，上司不僅會對你的工作態度感到欣慰，還會對你的能力重新評估。

原則十二　吃小虧占大便宜

「吃虧是福」是清代著名畫家鄭板橋流傳下來的著名條幅，這句話有個直白的解釋，那就是「吃小虧占大便宜」。

很多人不理解，吃虧怎麼是占便宜。這裡涉及到捨得的問題，吃虧就是捨棄一些小利益，占便宜就是得。所謂的「吃小虧占大便宜」就是捨棄了小利益之後會得到更多的好處。為什麼會這樣？因為吃虧會產生兩種直接的結果，一種是，人們會認為我們不計較，願意與我們交往；另一種是，人們覺得我們好說話，好辦事，會交給我們更多的事來做。對於第一種，我們可以理解為人際關係上的得；對於第二種，我們可以理解為自己潛在能力的提升，它依然是得。而這兩種得遠比我們捨棄的小利益更有用，更能替我們創造出價值。

如果一個人在工作中總是選輕鬆的工作來做，總想著要占一點小便宜，一兩次或許會成功，但久而久之他就會失去同事和上司的尊重和信任：同事不願意與他合作，上司不願意交給他重任，結果工作難以進行，升遷機會更是輪不到他，最終吃虧的還是他自己。

那些在工作中能吃虧的人，會為同事、為公司做些力所能及的事，做這些事有時只是舉手之勞，有時可能會花一點時間；有時可能會是經濟上小小的付出，有時也可能是利益面前小小的讓步……表面上看，這些人是吃虧了的，但實際上並非如此，這些人很可能得到同事、上司的親近、尊重和讚揚。事業上會有所發展不說，精神上也會得到滿足。這就是吃虧吃出來的「福」，就是大便宜。

阿江是一家大型公營企業的部門經理，他性格沉穩、個性豁達，遇到什麼問題總選擇默默承受，當年他也正因為此獲得了升遷的機會。

幾年前，阿江所在的部門主管突然被調離原職，因為調離倉促，有一筆帳目處理得不圓滿，而這個帳目並不是由阿江經手的，但新來的部門經理並不清楚原委，看到帳目所牽扯的企業在阿江聯絡的範圍之內，便非常嚴厲地責罵了他，並且決定每月扣除他兩千元的薪水，為期一年，以示警告。

對於新主管的責罵和懲罰，阿江沒有辯解和爭論，只是默默地接受了。同事們都說他傻，幹嘛替別人定罪，阿江卻說：「以前的主管待我不薄，我不能人家一走就忘恩負義，說人家的不是！」

新主管漸漸熟悉了環境後，對這個平時話不多、做事穩當、踏實的阿江的印象大大改觀。

因為新主管定時會參加公司的中高層會議，所以偶爾會碰到阿江以前的主管，一次，兩個人聊起這件事時，前經理馬上解釋說：「這件事其實與阿江沒什麼關係，是當年的副總經理委託部門處理的，當時阿江並不知情。」

新主管聽了一方面覺得對不起阿江，一方面對他大加讚賞，他認為，這樣豁達、又具忍耐力的人將來一定成大器，於是格外栽培他。

三年後，部門經理獲得提升，他向公司舉薦阿江做自己的接班人，在公司主管和員工會議上，這個決議被全票通過，由此，阿江成了部門經理，他的升遷也成了一段佳話。

阿江能夠吃小虧捨棄每月兩千元的薪水，忍著不把責任推給別人，結果換來了新任主管的信任和尊重，最終得到了升遷機會。他短暫的吃虧，從長遠來上看，就是占了

「大便宜」所以我們不要怕吃虧，吃虧就是一種福。

如果每個人都願意吃一點小虧，在其他人遇到困難之時伸出援手，與其同度難關，那麼，他得到的信任和尊重將會更大，更有利於他事業的發展。

三年前，劉先生進入一家銀行的儲蓄部，成為櫃檯職員。他一進儲蓄部就成了這裡的支柱，為什麼？因為當時的職員中大部分都是大學畢業生，而且工作年限比較長，一些新東西學習起來比較慢，所以很多人都找他幫忙解決新技術、新方法在應用時出現的問題。時間一長，劉先生就成了萬用幫手，什麼都做。

去總行開會學習新應用的系統，別人不想去，主管便派他去；去其他銀行學習好的貸款模式，同事推薦他；就連平日裡跑腿買東西，上司也讓他代勞。雖然很辛苦，但劉先生卻從來不在同事面前喊累。

連續三年，劉先生幾乎每個週末都在加班，所以很長一段時間裡，他的女朋友都有一個錯覺：「銀行職員是沒有週休二日的」。

有一次，劉先生和女朋友正在外面逛街，一個同事因為帳目無法平衡不得不打電話請他幫忙，他馬上和女朋友趕回銀行，與大家一起一筆筆核對帳目，最終幫助同事對好了帳，這時候已經晚上八點了，女朋友等不及先走了，他自己卻一直沒吃飯。

因為劉先生見多識廣，幾乎每個部門遇到處理不了的問題，都會來找他，他成了銀行裡必不可少的人。

幾年裡，劉先生過得很辛苦，但是他卻成了銀行裡的「全才」，今年有幾個部門負責人找行長「挖」他，行長就是不肯放人，最後提拔他做了課長，同事們都雙手贊同。

從表面上看，劉先生幫這個又幫那個，搞得自己辛苦又緊張是他吃虧了，但從長遠來看，他在幫助別人、做別人不願做的事的過程中學習到了新的知識，提升了自己的能力，增強了他在銀行內部的競爭力。同時，他也與同事和上司建立了良好的關係，得到了他們的信任和愛戴，為自己以後升遷、管理打下了基礎。

吃一點虧，捨一點小利益，小安逸，更夠得到大進步、大發展，何樂而不為呢？

原則十三　吃苦才不至於將來吃虧

吃苦是一件不好過的事，如果有更好的選擇，多數人都不願意吃苦。但是，我們不能否認，我們的成長和成熟、能力和才幹、機會和前途，都是透過吃苦來完成、累積和獲得的。一個人要成長不僅要累積知識和經驗，還要吸取失敗的教訓，這個過程就是吃苦的過程；一個成熟的人也是經過多少次的痛苦和磨難才鍛鍊出堅強、豁達的內心，訓練出了妥善處理問題的思維和方法；有的人天資聰明，但不吃苦同樣培養不出成大器的能力，舉個典型的例子就是王安石筆下的方仲永；吃苦對人來說並不是一件壞事，如果我們捨棄吃苦，那麼我們會錯失很多機會，這才是真正的吃虧。

在職場上，很多人看起來比其他人多吃了很多苦，這些人貌似傻傻的，但實際上最終受益的往往是這些人。

阿健和小曹同時被一間鑄造公司聘任，報到的第一天，總經理便領著他們兩個去了工廠，兩個人以為總經理帶他們來參觀，還興高采烈地對著機器指指點點。誰知，總經理把他們帶到工廠主任面前後，對工廠主任說：「安排一點工作給他們！」兩個人一聽就呆住了，怎麼是在工廠？我們不是要坐辦公室的嗎？

工廠主任可不管他們呆不呆，直接叫他們負責搬運鐵塊，阿健張大了嘴巴，小曹也一臉茫然。沒辦法，總不能剛來就不聽使喚吧？兩個人只好去搬鐵塊。一天下來，阿健累得喘不過氣來，他對小曹建議說：「我們去找總經理談談，我們來這裡不是為了做這種工作的。」小曹卻一臉平靜地說：「總經理都知道我們的簡歷，他這樣做肯定自有他的安排，我們就先在這裡做下去吧！」阿健也只好忍著繼續工作，但是，他和小曹不同，他時不時就上一下廁所，抽根菸，再藉機偷個懶。

快到一個月的時候，阿健忍不住了，他對小曹說：「一個月了，我們去找總經理談談，長久下去不是辦法！」誰知小曹依然不為所動，對他說：「既來之則安之，總經理給了我們就業機會，我們應該把它做好，如果這麼一點簡單工作都做不好，還有什麼資格跟別人談升遷啊！」阿健一聽就生氣了：「你怎麼這麼沒出息啊！沒有主見，逆來順受！」說完他甩頭就去找總經理了。

阿健壯了壯膽子對總經理說：「老闆，我想換工作！」總經理和顏悅色地說：「你想換什麼工作？」阿健被問愣了，他只是對眼前的工作不滿，還沒來得及考慮自己要做什麼，他支支吾吾地說：「只要不做這些粗活就行！」

「那麼，你去品質檢驗部吧？」總經理徵求他的意見。阿健高興了，連連說謝謝。

幾個月後，公司公布了一批新任命的幹部名單，小曹就在其中，職稱是設備技術科副主任。聽到這個消息後，阿健相當吃驚，他十分納悶，這麼逆來順受的小曹怎麼能獲得如此的重用呢？他不明白，總經理卻十分清楚，他拍著小曹的肩膀說：「我就是欣賞你這種吃苦耐勞的精神！」

吃苦是一種資本，當我們什麼也沒有時，它幫我們建立起我們的職業形象，幫我們博得上司的好感和信任。小曹就是因為他的吃苦耐勞才被總經理相中委以重任的，而反觀阿健，他因為總是選輕鬆的工作來做、不願吃苦，而失去了總經理的好感，最終沒有得到晉升的機會。

吃苦，不僅能夠幫我們贏得上司的欣賞和信任，還可以幫助我們培養出色的工作能力，為我們的前途鋪路。

蔡小姐初進公司時什麼都不懂，前輩經常讓她做一些平常瑣碎的事，她知道現在找工作不容易，自己又沒什麼經驗，所以只能低頭忍著。前輩要她去影印，她便跑去影印；要她聯絡業務、跟進訂單進度，她便跑去與業務溝通、追蹤產品狀況；要她預定主管出差的飯店，她便四處查找既便宜，又方便的飯店；要她代聽培訓課程，她便跑去聽課……總之，在別人眼裡她是最清閒也是最忙碌的人，而只有蔡小姐自己知道她受了多少累，吃了多少苦。

剛開始時，蔡小姐還有些不滿，以為前輩欺負新人。漸漸地，她發現，自從做了這些工作後，她做事愈來愈有條有理，效率提高了，溝通能力也在不斷地提升，而且她尤其熟悉產品製程，只要有人詢問她哪種產品到那個環節了，她便能清晰地告訴他，產品在那裡，還要多長時間可以完成、什麼時間可以出貨、什麼時間可以上架等情況。蔡小姐開始接受這種吃苦的日子，它讓她掌握很多知識，學習到很多本領。

試用期滿後，蔡小姐順利地通過了公司所有考核，她對工作的嫻熟程度以及對公司基本情況的掌握度讓她的上司稱讚不已。

吃苦不僅讓蔡小姐掌握了公司和產品的運作情況，還讓使她的條理性、工作效率、溝通能力得到了大大提升，這些為她順利通過公司的考核做了準備。如果，她在今後的工作中依然選擇比較難走的路，那麼她將會得到更大的鍛鍊，獲得更強的工作能力。

吃苦不會使人吃虧，懶惰、享受才會使人吃虧。我們想在職場中有所成就，就不要捨棄所謂的「吃苦」。

原則十四　坦然地面對失敗

面對失敗，我們同樣需要捨，捨棄那些怨天尤人、自怨自艾的消極意念，坦然面對失敗。

世界上沒有哪個人會一帆風順，一個人追求越多，遇到的困難、挫敗也就越多。當我們踏入社會就不能不向社會索取物質財富和精神財富，而向社會索取就難免會遭遇挫折。所以，面對失敗，面對逆境，我們要坦然以對。

很多人在遭受打擊時都喜歡怨天尤人，但無論他們怎麼抱怨都無法改變既成事實，就算能得到別人的同情，也無助於他們擺脫逆境。因而，與其怨天尤人不如自救。面對失敗，我們要明白，現在所發生的事，都是過去我們自己的選擇所造成的結果，要怨也只能怨自己。如果我們無法改變這個結果，那麼就要坦然地為自己當初的選擇買單，並從這個挫敗中吸取教訓，上好這堂「失敗」課。

也有很多人在遭受慘敗後自怨自艾，一蹶不振，他們的自信在嚴酷的打擊下消失殆盡，他們的激情在殘酷的現實面前嚴重萎縮，他們終日唉聲嘆氣，顧影自憐……這樣的人一旦失敗就成了定局，沒有了東山再起的勇氣。如果我們對生活還有所期望，不甘心碌碌無為，那麼，我們就要拒絕做這一類人，在遭受挫敗時，正視失敗，吸取教訓，再次踏上征程。

職場中人行走職場也難免會遭遇失敗，尋找客戶屢遭拒絕，一個月簽不了一個約；高階主管出現職缺，公司選了另外一個競爭者填補；與同事合作完成一項任務，任務沒完成，卻失去了同事的信任；工作中出現失誤給公司帶來嚴重的損失；決策失誤使公司發展緩慢甚至停滯不前……所有的挫敗都可能發生在職場人身上。當我們面對挫敗的時候，我們就要捨棄那些怨天尤人、自怨自艾的想法，坦然地面對失敗。一個不能坦然面對失敗的人，很難突破自己，取得職涯的發展，事業的成功。

小馬和阿俊是大學時的同班同學，兩人的成績都很優異，幾乎不分上下。大學畢業後，他們各自找到了一份工作。幾年後，兩人的境遇卻有很大的不同。小馬事業有成，在職場上春風得意，而阿俊卻快到失業的地步。為什麼同一個班級、同樣優秀的畢業生差距會這麼大呢？

小馬畢業後，在一家電器公司做業務，這是一份很有挑戰性的工作。第一次做銷售，他進了一家辦公大樓，但保全硬生生地把他攔在了門外，不讓他進去。小馬並沒有灰心，他知道，這是業務的常見狀況，不能因為小小的阻礙就放棄，於是，他開始尋找機會進入大樓。終於，他趁著保全和來訪者說話的機會偷偷地「溜進」了大樓。

進了大樓後，他一個辦公室接一個辦公室地推銷自己的產品，辦公室裡的員工連看都不看他一眼就讓他出去。即便如此，他也沒有退縮，在整個推銷過程中，他始終面帶微笑，努力地讓別人注意自己的產品，他的積極進取沒有白費，一天下來，他賣出了好多電器。因為工作表現突出，沒過多久，他就被提升為公司的銷售部經理。

而阿俊的情況卻很不樂觀，他畢業後進了一家外資企業，一開始他對工作充滿熱忱，希望在職場上有所作為，但是後來他因為一次疏忽導致公司利益受損而遭到懲罰，此後的他開始心灰意冷、鬱鬱寡歡。他覺得自己犯了這麼大的錯誤，別人再也不會信任他，他沒有機會翻身了。

因為對前途悲觀，他工作時總是心不在焉，上司交代的事情也馬馬虎虎應付過去了事，一天到晚沒精神。上司看到他這個樣子更加不信任他，漸漸地萌生辭退他的想法。

小馬面對挫敗能夠坦然以對，提起勇氣繼續自己的工作，因而贏得了上司的賞識，成為銷售部的經理。而阿俊卻因為一時的挫敗而一蹶不振，結果狀態越來越糟糕，走到了失業的邊緣。

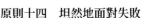

職場中人在工作中遇到挫折和失敗是常有的事情，有時候，我們面對難以承受的挫敗，因而出現沮喪、低落的心情也可以理解。但是，有一些更為嚴重的挫敗會引起人強烈的反應，使人的身心健康受到損害，人就容易消沉，甚至萎靡不振。這個時候，我們不僅要學會自我反省，還要看到事情積極的一面：一段失敗的經歷往往能帶來自我的成長。愛迪生說：「失敗也是我需要的，它和成功對我一樣有價值。只有在我知道一切做不好的方法以後，我才知道做好一件工作的方法是什麼。」失敗是我們學習的大好機會，如果我們不能從失敗中總結經驗、教訓，那才真的是一無所獲。

失敗並不可怕，可怕的是對於失敗我們不能坦然以對，不能認識到失敗的價值，不能捨棄那些怨天尤人、自怨自艾的態度。我們要認識到，自己生下來不是被打倒的，失敗只是我們進步的梯子，不是絆倒我們的石頭。

原則十五　與其抱怨不如改變

我們總會聽到身邊的人這樣抱怨「同事不好相處，總是針對我」、「上司不重視我的意見，待在公司很沒意思。」、「工作太累了，薪水又不高，真不知道還能熬多久！」、「公司太不公平了，憑什麼給別人的多，給我的就少？」……實際上我們真的過得這麼不堪嗎？即使我們真的過得不好，那麼難道原因都是別人造成的嗎？我們大發特發了一頓又一頓的牢騷後，生活有改變嗎？沒有，只要我們不改變，生活就難以改變。抱怨不僅沒有讓我們的生活有所好轉，相反還增加了我們的悲觀失望，不斷強化我們內心的負面心理，使我們對生活更加不滿。

我們要改變現狀，絕不是每天發發牢騷就能夠達到目的，在我們感覺生活不順或處境艱難時，捨棄抱怨，冷靜下來想想應對之策，透過自己的努力去解決問題才是突破困境的正確方式。

二戰時，一個叫喬治的英國律師逃到瑞典，當時的他窮困潦倒、身無分文。他知道自己的寫作程度很好，就想到貿易公司找個翻譯工作來養家糊口。令喬治難過的是，幾乎所有的公司寄來的回函都是類似的內容：「現在是戰爭時期，不需要這樣的工作，因此，一切應徵者概不錄取……」喬治一邊抱怨著該死的戰爭，一邊拆公司的回函，當讀到一封回函時，他惱怒了，信上竟然這樣說：「關於工作，你的想法似乎錯了，而且錯得不是一般的離譜！我們公司並不需要翻譯員，即使需要，也不會雇用你，因為你的瑞典語實在讓人不敢恭維，信中錯別字太多！」

看到這裡，喬治心裡開始大罵對方是笨蛋，因為對方的回函也有一大堆錯字。「這是什麼人，不用也就算了，還這麼羞辱人！你自己也不看看自己的水準，這公司怎麼用這樣的人？」於是他立即提起筆寫信，打算好好羞辱一番那個瑞典傢伙，讓他也難堪、難堪。喬治一邊寫信，一邊抱怨世道不好，人心不古，所以用詞上也相當嚴厲。

但喬治在寄信之前突然改變了主意，「等等，還是再考慮考慮，也許事實正像那個瑞典人說的呢！我雖然學過瑞典文，但那畢竟不是我的母語，很可能在不注意的情況下犯錯。人家是正宗的瑞典人，一看就就知道那裡錯的。看來，要想找到工作，非要加強學習，提高熟練程度不可。也許對方是在激勵我呢！那麼，該好好感謝人家才是！對了，就寫封感謝函吧」！

想到這裡，喬治將第一封回信撕碎了，重新寫了一封回信，寄了出去。信的內容是：沒有被錄取這件事沒有太大的關係，但承蒙您不辭麻煩回信，不勝感激。另外，我對自己所犯的錯誤，表示歉意。之所以再次寫信給您，是因為想到自己犯了文法上的錯誤，真是慚愧之至，今後應當努力學習，以免再次犯錯受人嘲笑。承蒙指教，不勝感激！

喬治寄出信後，心情輕鬆了很多，讓他沒想到的是，兩天後他再次接到了該公司的回函，邀請他去面試，結果喬治順利地通過面試，進了這家公司。

後來，負責招聘的人說，他之所以錄取喬治，是因為喬治不抱怨他、糾他的錯，反而以感激的口吻給他寫了回信，這才是公司需要的人。

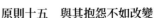

抱怨是沒有用的，喬治抱怨戰爭，戰爭並沒有因此停止，他也沒有因此找到工作，反而使自己更加義憤填膺。他抱怨對方不給他留情面，沒有修養，反而使自己寫回信時言辭激烈差點斷送工作機會。還好，喬治及時轉變了他的心態，放下了他的抱怨，以充滿感激的口吻寫了一份回信，這讓他得到了這次工作機會。

瑞典人之所以錄取喬治也是基於兩點來考慮的，第一點，這個人知道感恩，也就是說這個人的忠誠度會高。第二點，這個人沒有抱怨，而是想著去改變，公司需要的不是只會抱怨，而不做改變的人。喬治改變了心態不抱怨，才使他改變了自己的行為；當他表明自己會努力改變目前的瑞典文水準時，他的命運也發生了改變。

抱怨不能改變現狀，只有改變自己才能改變現狀。我們與其抱怨薪水少，不如想法設法提升自己的業績，透過業績讓自己薪資表上的數字漲起來；與其抱怨上司不公平，不如憑著絕對的優勢爭取升遷加薪的機會；與其抱怨同事不好相處，不如拿出點誠心和耐心來緩和人際關係；與其抱怨加班頻繁，不如在八小時之內完成自己的工作量；與其抱怨公司沒有提供升遷機會，不如打造自己的核心競爭力，讓自己脫穎而出……記住，每一種抱怨背後都是一個讓自己更不順的陷阱，我們完全可以有更好的選擇，那就是改變自己。

原則十六　學習新知識提升自己

知識是需要新陳代謝的，新陳代謝是一種捨，捨的是舊知識，以新知識取而代之，更新知識需要學習，而學習本身就是一種付出。

職場中人之所以要進行知識的除舊更新主要基於兩方面的原因。第一個原因是，無論我們掌握的業務多麼純熟，都不可能完全了解我們所能涉及的業務知識，因為實際業務千姿百態，我們未必都碰到過，了解過。此時就需要我們不斷地擴充知識，完善我們的「知識庫」以備不時之需。而另一個原因是，科技日新月異、新的管理方法和管理理念層出不窮，我們如果不及時進行知識的除舊更新，那麼我們就可能被社會所淘汰。換句話說，知識的新陳代謝就是提升我們能力的手段。

知識的除舊更新能夠擴展我們的視野，增強我們發現問題、解決問題的能力。例如，我們在公司的培訓中接觸到一種新的人事管理方法，而這種方法可以透過系統軟體來進行薪資結算，大大方便、簡化我們進行人事管理。如果我們掌握了這種新的管理手法，那麼我們在提高工作效率的同時，也會透過資料分析，得出人事調整的方案。我們運用先進技術以及新管理理念的能力在無形中得到了提升，而這些能力將在我們日後的工作中發揮功效。

知識的除舊更新是由學習來完成的，當我們見識到、接觸到一套新的辦公硬體或軟體；當我們領受總公司先進的管理方法；當我們發現有使我們工作效率更高的技術；當我們看到某種關於職場軟實力的書籍……我們便要有意識地去學習、應用它，只有這樣，我們才能跟得上職場發展的步伐，適應激烈的競爭環境。

董小姐的公司最近引進了 ERP 系統，大家用慣了 Excel 和手工記帳的方法，所以對這種新的管理軟體很排斥，光是看著都覺得煩心，就更別說學習了。只有董小姐不厭其煩、很熱心地學習這種軟體的操作，在別人還彆彆扭扭地半用 Excel 半用 ERP 的時候，她已經完全掌握了這種軟體的操作，不僅如此，她還學會了用這套系統所提供的資料，分析庫存、銷售中出現的問題，繼而提出解決問題的方案。

一次，上司交給他們小組一個任務，希望在最短時間內得到分析報告，但是大家對

ERP 都不太熟悉，所以沒人願意接這項任務。董小姐覺得這是個機會，便對上司說，自己願意接下這個任務。於是，上司把這項任務交了平時不那麼起眼的董小姐。董小姐接受任務後，很快利用 ERP 軟體做出了分析報告。上司拿到報告，見資料精準、分析得鞭辟入裡，對董小姐刮目相看，以後有什麼任務便直接找她來做。因為接觸得多，董小姐處理實務問題的能力大大增強，把那些比她資深的員工都比了下去。

當其他同事才剛習慣用 ERP 的時候，董小姐已經成了他們的課長了。

董小姐透過學習，使自己的知識得以更新和拓展，這奠定了她成為課長的基礎。在學習 ERP 的過程中，她不僅掌握了操作軟體的技術，也鍛鍊了自己分析問題、解決問題的能力。因為能力的提升，她得到了更多展現自己的機會，同時，她又在這些機會中進一步提高了自己的能力，最終成了能夠承擔更多工作的人。

學習新知識、捨棄舊有的、不合需求的知識，有時候對我們來說是一種挑戰，不僅需要讓我們在頭腦裡捨棄固有的思考方式，還需要我們從行為上改變做事的方法。也就是說，我們要改變的是某種思考習慣和做事習慣，而改變習慣是我們需要花上很大的力氣才能達到的。尤其是對剛跳槽進入公司的新職員來說，學習新知識，改變舊習慣是很困難的，但是如果我們能做得好，那麼我們就會有所收穫。

岳小姐最近跳槽進了一家新公司，她的職稱是市場業務後勤部門的主管。剛進公司時，她不太適應，她之前在一家小公司上班，工作比較雜，售前、售中、售後幾乎一手包辦，不清楚銷售後勤這個環節的內容，所以，她做起工作來不知道把重點放在哪裡。常常，業務經理向她要報表時，她還沒有讓手下整理，結果導致業務經理很不滿意。

岳小姐覺得這樣下去不是辦法，就找幾個業務經理溝通，詢問他們需要什麼樣的業務支援，具體是需要哪些東西……業務經理詳細列了一份需要業務後勤部門提供支援的資料給她。岳小姐針對資料上所列的專案一一學習，當現在的工作內容與以前公司同樣工作所採取的方法不一樣時，她要琢磨、練習很長的時間才能放棄原本的思考方式，適應新公司的工作要求。經過刻苦的學習，她逐漸了解了自己的工作職能和工作重點，為業務部提供了可靠的後援。在學習中，她遇到不懂的事，還向下屬請教，下屬覺得岳小姐是個平易近人的人，所以很願意教她，也很願意配合她的工作。

岳小姐很快融入了這個群體，並被員工和業務經理尊稱為「岳周到」意思就是，什麼都想得到，做得到，為業務部提供了可靠的服務。

岳小姐進入新部門後面對新的工作環境和工作內容，及時改變了在原部門形成的思考方式和做事方法，學習並掌握了新部門所要求的工作內容和工作方法，因而，她很快地融入了群體，得到了同事們異口同聲的稱讚。

透過學習促進知識的新陳代謝是我們提升自己的良好手段，所以我們要捨棄原有思想、習慣的禁錮，努力學習新知識，適應新環境。

原則十七　期待別人不如自己努力

世界上，沒有誰能真正地支配別人，但是每個人都有能力支配自己。我們與其期待別人的幫助，不如靠自己努力改變現狀。現實生活中，很多人都習慣把希望寄託在別人身上，等別人幫忙解決問題，等別人發現自己的才華，等別人把機會塞給自己……總之，什麼事情都在等別人做，而不是自己主動爭取。把希望寄託在別人身上的人，通常都不會自己努力改變現狀，所以一旦沒人幫助，他的結局就會很悲慘。

事實上，期待別人不但容易使自己心生不滿，還會阻礙我們的成長。期待別人就是希望別人能解決自己的問題，希望能從對方那裡得到想要的東西。但是，別人不是我們的「阿拉丁神燈」，他沒有義務，也不一定有能力幫我們達成所願。如果我們對別人期待過高，那麼在別人拒絕我們或無法幫到我們的時候，我們便會心生不滿或失望，抱怨也就由此產生。而這些抱怨往往會使我們所期待的人不開心，所以，我們要捨棄對別人過高的期望，盡量依靠自己的力量去解決問題。即便是真有需要別人幫助的時候，也要參與解決問題的過程，不要想著完全依賴別人來解決問題。

有時候，我們會遇到以前沒有遇過的問題，會心生恐懼、希望得到指導和幫助。但如果我們不自己親自嘗試著解決問題，就會喪失良好的學習機會。發現問題、解決問題的過程通常是我們提高自身能力的過程，這期間我們會學習到很多處理問題的技能和技巧，下次遇到類似的情況時，我們就會知道該怎麼應對，這就是成長。

所以，當我們面臨選擇或困難時，要多捨棄一些對別人的期待，靠自己的努力來解決這些問題。只有這樣，我們才能讓自己成長、證明自己的能力、得到別人的尊重。

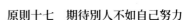

美玲是個習慣對別人抱持期待的女孩，上大學時，因為對男友期待過高而導致戀情失敗。大學畢業後，她期望家裡安排一個待遇不錯的工作給自己，結果家裡的人因為關係不夠廣，沒有幫她找到好工作，她「被迫」去了一家小工廠。美玲覺得在這工廠裡工作既沒有意思，又沒有前途，每天回家都抱怨父母找了這樣的工作給自己。父母聽了很難過，不知道該怎麼辦。

終於，美玲忍受不了平淡的工廠生活，辭職開始找工作。幾經周折，美玲在朋友的幫助下進入了一家食品公司做行政專員。行政專員的工作並不難做，只是有些瑣碎，幾個月後，美玲已經駕輕就熟了。這時候，美玲開始對工作有了新的期待，她希望得到上司的賞識，提拔她為主任助理。但是，她不是那種會努力爭取機會的人，比起毛遂自薦，她更希望上司能主動發現她。結果，美玲等了很久，上司也沒有要升遷她的意思。美玲找其他部門的好友幫自己想辦法，好友告訴她：「你不能光等著別人發現你，你要自己爭取機會。你對上司抱持太多期待了，上司整天忙得席不暇暖，哪有時間觀察你這個小小的行政專員啊！比你資深的、工作出色的人實在太多了，他哪有這麼多隻眼睛啊？」

美玲聽了如夢方醒，她找到行政部門主任，對他說：「主任，我來了快一年了，我覺得我能勝任主任助理的職位，正好，馬小姐剛走，您這邊缺一個人手，主任不如考慮一下我吧？」主任看看美玲說：「那你做做看，試用期三個月。」美玲高興得差點跳起來。

經過這件事，美玲感到自己之前把希望放在別人身上的想法實在太幼稚了，以後她要靠自己的努力來改變現狀。剛上任主任助理的時候，美玲感到力不從心，很多事情應付不來，但這次她沒有期待別人幫她解決，而是自己透過學習、請教主任獨自完成了工作內容。

漸漸地，美玲的工作得到了上司的認可，她安安穩穩度過了試用期。

美玲過去總是把希望放在別人身上，結果不滿意家裡人幫忙找的工作，就整天抱怨，傷了父母的心。幸好，經過朋友的指點，她意識到自己的錯誤，開始嘗試著靠自己的力量尋找機會。在後來的工作中，她透過自己的努力得到了上司的認可和肯定，坐上了想要的位子。在職場上，過於期待別人並不明智，只有自己努力才能得到想要的東西。

我們面對人生、面對社會、面對職場，靠不了天、靠不了地，只能靠自己。不管命運怎樣眷顧，也不管機遇如何垂青，它們絕不會憐惜一個從不努力的人，也不會同情一個懶漢，誰都不可能做誰一生一世的貴人，守護你、幫助你，我們能依靠的只有自己。所以，我們永遠不要對別人抱有過高的期望，這樣只會害了我們自己。

原則十八　退讓也要堅守底線

人們常說「退一步海闊天空」。的確，對別人做出讓步很可能成就一宗買賣、化解一場糾紛、贏得人際關係的和諧……但是，沒有底線的退讓很容易給人以軟弱可欺的印象，會使自己陷入更加被動的局面。退讓，從某種意義上來說就是捨，捨棄一些小利益、虛榮心達到某種效果或願望。但當這種捨超過了我們所能夠承受的範圍，或使我們的長遠利益受到損害時，我們就要適當地作出還擊，不能沒有底線地退讓。

在職場上，做人謙虛與做事堅決並不矛盾，做人如果沒有底線，就會缺少原則，沒有立場，時間長了，任何人都會離我們而去，甚至反過頭欺壓我們。如果我們想在職場上活得堅實一些，挺直一些，那麼，我們就要給自己的退讓設個底線。

王小姐剛進公司時，做的是行政工作，工作比較瑣碎，但是她從來沒有表示出任何的不滿和不耐煩。不僅如此，王小姐為人也很熱心，同事們請她幫忙，只要她有時間就會爽快答應。大家覺得她好說話，所以很多事情都找她來做。

有一天，王小姐和一個資深的前輩一起出去辦事，回公司的時候，前輩說有要事要回家一趟，要王小姐一個人把資料帶回去。王小姐回來後把資料放在前輩的辦公桌上。第二天，前輩來上班時，資料卻不見了。

王小姐不知道發生了什麼，也無法解釋，就只能聽前輩抱怨自己：「我交給你的公司資料，你有義務保管好。你做事怎麼這麼不小心，一點責任感都沒有！」王小姐沒多說什麼，回到座位上把昨天拿資料的過程回憶了一遍，結果還是沒想到資料會在哪裡。後來，前輩在自己腳下的垃圾桶裡找到了那些資料，原來她因為忙亂，把資料當成了廢棄的檔案扔掉了。前輩知道自己錯怪了王小姐，但礙於面子沒有道歉，在此後的工作中，前輩經常協助王小姐的工作。王小姐覺得她的忍讓是對的。

隨著業務的熟練，上司讓她獨自為公司採購辦公用品。回公司後，一些好事的同事湊過來說：「這麼一點點東西，就要花公司這麼多錢喔？」王小姐聽他們的言外之意是自己撈了公司的錢。於是，她走到這些同事面前，把明細和購物發票拿出來給同事們看：「這是買這些物品的發票，你們看看有什麼出入沒有？」同事們都不好意思地走開了，他們覺得自己的「玩笑」有點過分，已經涉及到一個人的名譽了。

大家看到王小姐對公款的嚴謹態度後，便很少再拿這樣的話來詢問她了。上司知道這件事後，對王小姐大加讚賞，把重大的採購任務都交給王小姐處理。

當前輩不滿地責問王小姐時，王小姐並沒有反擊，而是選擇了退讓。因為這沒有觸及到她的底線，而且情況誰也搞不清楚。最後，前輩發現自己錯怪了人，儘管沒有認錯，卻在工作上幫助了王小姐，他們之間的關係也能因此維持良好。但當有人懷疑自己貪汙了公司的錢時，王小姐做出了堅定的反擊，雖然這種反擊並不激烈，但足可以說明她是在意別人這麼質疑她的。因為她的不退讓，她的自我證明，大家對她多了一份信任和尊重，上司還因此更加器重她。

在職場上，如果因為一些小事和同事發生糾紛，不能太過計較和強硬，能忍就忍，但我們不能做一個人什麼都能忍的人，要設一個底線給自己，在自己的底線之上，我們就原諒，但超過了這個底線我們就要還擊。在告訴大家自己有修養、的同時，也要告訴大家自己是要尊嚴的。只有這樣，我們才能受到尊重，活得開心。

我們不可否認，職場上也是存在著小人的，這些小人要麼喜歡扯別人的後腿，要麼喜歡奪別人的功勞，對待這類人，我們要格外留意，不能沒有原則地退讓。

職場是不完美的，它充斥著各種矛盾和利益的衝突，所以更容易激發小人的「作戰情懷」我們要學會應付小人，單純、軟弱很容易被這類人欺負。儘管與人相處時，忍讓和寬容是一種美德，但是如果把握不好忍讓的限度，就會淪為「職場的受氣包」。

俗話說，忍無可忍無須再忍，當我們的利益受到嚴重的侵害時，我們就不要再忍，不要以為息事寧人就可以解決問題，有時候，過度的忍讓會助長小人「咄咄逼人」的態度和不斷膨脹的入侵性。

小人之所以喜歡在我們面前使壞還有另外一個原因，那就是他們過分相信自己的能力，相信他們能制服我們，如果我們能拿出勇氣回擊，那麼我們就會削弱他們的氣焰，讓他們有所收斂。

當然，我們所指的回擊並不是指動用武力或大吵大鬧，而是讓他們明白，你們的手段我們知道，我們有能力和你較量。如果他們再犯，我們將不會客氣。只有這樣，我們才能維護住自己，爭取到自己的權益。

原則十九　忍耐是成就人脈的基礎

人們說，小不忍則亂大謀，說的是，不懂忍耐的人，會因小而失大。忍耐就是一種捨，暫時捨一點利益、名聲、面子會換來人們的信任和人際關係的和諧，而人們的信任和人際的和諧是我們在社會上立足的基礎之一。

一個懂得忍耐的人，不會因為一時的意氣、一時的得失而破壞自己一手建立或者正在建立起來的人際關係網，因為他清楚地知道，一旦破壞了人際關係網中的某一環，那麼他就可能因為這個漏洞而丟掉一條大魚。

我們一生中的大部分時間都在職場中度過，與上司的關係、與同事的關係、與客戶的關係都直接影響著我們的生存。因為，上司可以決定我們的去留和晉升，同事能夠影響我們的工作心情和工作效率，客戶直接決定我們的業績。不但如此，這些人還很有可能為我們提供機會或製造阻礙。而與這些人建立良好關係的基礎就是忍耐。

職場中對我們前途影響最大的就是我們的上司，不管你業績有多好，只要不受上司青睞，我們就很難升遷。所以說，從某種程度上來講，上司決定著我們的前途，所以我們首先要忍耐的就是我們的上司，除非你有絕對的把握與上司抗衡。

阿城是一個有著幾年銷售經驗的銷售主管，也是職業顧問公司的長期客戶，他請顧問公司的人幫助他設計未來的工作目標，即成為市場總監。本來他的能力和實力都很強，只是運氣不佳，去年，一個掌管銷售的副總經理離職，按照能力和資歷，他都在其他銷售主管之上，是銷售副總的首要人選。

但是，讓人沒想到的是，總經理考慮再三，還是提拔了另外一個銷售主管。阿城當時很生氣，差一點就去找總經理理論，最終他還是忍了下來，他想還是先諮詢一下職業顧問再做打算。

他把問題告訴給職業顧問聽，職業顧問對他說：「你忍耐下來是對的，不要發牢騷、不要抱怨，回去以後再靜靜地觀察一段時間再說，如果確實覺得自己升遷無望，再找總經理談，或者跳槽。」

阿城回去後，按照職業顧問的指導，沒發牢騷、沒抱怨，只是安安靜靜地工作。果然，總經理心理也在千萬百計地想平衡關係，見阿城一句怨言沒有，更覺得應該對他有個交代，於是，在升任了另一個銷售主管後不久，便把阿城派到了分部做分部經理兼銷售副總經理。

阿城暗自為當時的忍耐感到高興。

當上司的決定讓我們一時之間難以理解或接受的時候，我們需要暫時忍耐，看看以後事情的發展狀態再說。就像阿城一樣，不要先急於與上司爭論，表達自己的不滿或氣憤，而是等待一段時間，看看上司的反應再說。退一步說，即使上司沒有提拔我們的意思，我們找他理論也改變不了既定事實，只能讓關係越變越糟，反而不利於我們以後的晉升。如果不去理論和計較，上司反而會因為虧欠心理，為我們尋找機會，何樂而不為呢！

當然，忍耐並不等於唯唯諾諾，我們可以在上司面前委婉地表達的自己的意見。在一個合適的時間、合適的地點，對上司半開玩笑地說「我想在公司發揮更大的作用，喜歡更有挑戰的工作，有機會您幫我留意一下！」這樣，上司就很明白我們的意思了。

職場上還有一群人，他們與我們競爭，也與我們同行，他們與我們一樣對加薪升遷虎視眈眈，也與我們一樣期待他人的認可和親近，這群人就是我們的同事。同事是我們人際關係中不可忽略的一個環節，因為我們的上司不可能對每一個屬下「關懷備至」、「追蹤了解」，所以他們通常會透過我們的同事了解我們，這個時候，我們在同事頭腦裡的印象就顯得重要。所以，我們在與同事相處時，依然要以忍為先。

當同事不滿意我們的某種言行而指責或嘲笑我們時，當他們在我們面前炫耀某些成績或亮點時，當他們拍主管馬屁時，當他們抱怨我們的一些小毛病時，當他們占了我們一點小便宜時……只要不涉及到我們的尊嚴和原則的就忍耐下去，不要計較，計較非但計較不出什麼來，反而會讓對方氣焰更甚。一個巴掌怕不響，他拍的時間長了、覺得無聊了，就會停止自己的行為。當我們忍耐了種種不快，而不與他們發生衝突時，他們就無法再挑剔我們。

如果我們能在忍耐中度過瓶頸期，與同事建立起良好的關係，那麼我們就很容易與同事分享資源，進而拓展資訊，增加機會。例如，當我們決定離開原部門時，同事可能會為你提供其他公司的機會；當我們想邊做工作，邊創業時，同事可能提供給我們創業資訊等等，因為每個同事都有他的人際關係網。

職場上，很多人的工作是直接面向客戶，而面對客戶需要的是更多的忍耐和克制。因為客戶直接決定著我們的業績，他們是能讓我們公司得到利潤、我們得到分紅的人。

所以，在與客戶交往中，忍耐是放在第一位的，客戶的態度再蠻橫，只要不超過我們的底線，我們就要忍受；客戶的條件再苛刻，只要在我們的承受範圍內，我們就要妥協。因為，客戶的訂單就是企業的生命，與客戶的關係直接影響企業利潤，間接影響我們的前程。一旦我們得到了客戶的信任，那麼我們就建立了自己的人脈。

忍耐是我們處理職場人際關係最基礎、最有效的法寶。捨棄一時的意氣或暫時的得失，忍下外界的壓力，我們將得到的更多。

原則二十　少說空話多做事

職場上我們會聽到這樣的話：「你放一百八十個心吧，我一定會做好的！」、「這個我在行，交給我沒錯！」、「我會在兩週內得到這個訂單！」、「馬上就能做完了，等等就好！」、「那個工作沒什麼了不起，換我來做我也能做得很出色」……當這些人說出這樣的話時，我們一定會以信任甚至是而佩服的目光盯著他，期待他完成他所說的任務。然而，我們出乎我們意料的是，我們左等右等也沒有等出對方所說的結果，這樣的次數多了，我們在對這個人失望之餘，便懷疑他所說的話有多高的可信度。在他再做承諾或說出豪言壯語時，我們便不會在相信他，自然也不會把重要的任務交給他來完成。

這就是說空話，而不做事的結果，如果我們想要取得別人的信任和認可，就要捨棄說空話的毛病，多做一些實績出來。只有這樣，別人才放心把更重要的任務交給我們，我們才有機會取得更大的成績。

阿國進公司後不久，上司便把大家召集到一起分派任務，當上司把任務分給阿國時，阿國感到這個任務對他有些難度，恐怕自己應付不來，但是他不願意讓被人看扁，於是做出很有信心的樣子說：「您放心，保證按時完成任務。」上司以為他真的有信心，交代了兩句後就安心地離開了。

阿國看著手裡的工作不僅著急起來，這個模組自己從來沒做過，請同事們幫忙做？這不行，在大家面前表現得胸有成竹的樣子，這時再去請人幫忙不是讓人看不起嗎？思來想去他覺得還是自己研究比較好。如果自己能獨立完成這個模組，那麼，肯定會讓人刮目相看，自己被留在公司的可能性將大大增加。

阿國翻看了很多書籍，花了不少時間來研究這個模組的編寫，但是就是沒有找到要領，同事們看他這麼辛苦還沒忙出個頭緒，都關切地問他需不需要幫助，阿國又顯出一副天不怕地不怕的樣子說：「這點小事我自己能處理，謝謝你們大家對我的關心，如果有不懂的我再向你們請教！」大家看阿國很有把握的樣子，就不再過問。結果，到了交任務這一天，阿國模組只編寫了一半，上司氣憤地責備說：「當時你答應的乾脆俐落，現在弄成這個樣子我怎麼跟客戶交代？本來客戶早就開始催了，我考慮到你是新手故意放寬了時間，你看看你交了什麼上來？你自己不懂不會問別人嗎？」阿國灰頭土臉地被訓出了辦公室。

同事們見阿國垂頭喪氣地出來，紛紛安慰了他一番，叫他有什麼不懂的隨時可以問他們，阿國一個勁兒地點頭。上司派了一個同事童先生做模組，兩個人經過幾天的奮戰，終於把模組弄了出來，上司見到阿國還有救，便沒有辭掉他。

又一次，上司召開部門會議，阿國在會議上提了很多意見，但這些意見都有一個共同點，缺乏實際操作的可行性。雖然理想，但做起來不但吃力還未必討好。所以，上司沒有採納。這樣的次數一多，大家都覺得阿國這個人不可靠，眼高手低，愛說空話。上司也不敢把複雜的程式交給他來寫，覺得這個人能說不能做，簡單的工作還可以做一做，複雜的可能會出紕漏。

就這樣，阿國在公司待了兩年還是個只會寫簡單程式的初階工程師。

阿國得不到同事的認可和上司的信任是因為他愛說大話造成的。在主管分配給他任務時，他明知道自己應付不來還要誇下海口；在遇到困難無法進行下去時，他不但拒絕同事的幫忙，還一副應付自如的樣子，結果交任務時，模組還沒有雛形。以上也就罷了，在會議上沒有經過深思熟慮、不切實際的發言也讓同事和上司感到失望，覺得他是個會說不會做的人。因而，大家都認定他只能做些簡單的工作，沒辦法參與複雜的專案。最後，兩年過去了，他還只是個小小的初階工程師。

說空話的人，注重嘴巴上的過癮、短暫的自尊心的滿足，但卻忽略了只有腳踏實地做事才能證明自己的能力和人格特質的事實。人們看不到實際的成效，自然會質疑說話人的能力或誠信度，所以會盡量避免請他幫忙，在以後的合作過程中也會減少他的工作量或降低他的工作難度，這樣一來，他就失去了鍛鍊自己的機會，也就不會在職涯上有所突破。

另外，說空話不辦實事，還會造成人際關係的鬆動，例如，一個同事請求我們幫忙辦事，我們滿口答應，結果卻遲遲不肯行動，這就會引起同事的猜疑和不滿，同事要麼認為我們說，要麼認為我們信口開河、應付奉承，所以他們不會再拿什麼事情來請求我們幫助，也不會再相信我們對他們的承諾。

所以，職場中人不要隨便許諾，不要隨便誇下海口，說些空話、大話，因為這些很可能成為我們失信於人的證據，將我們套在原來的位置上，得不到能力的提升、薪水的增加、職位的升遷。

原則二十一　與人有效溝通

「有所為，有所不為」是我們人生的一個重要課題，有所不為，就是為了減少或避免某種損害而捨棄某種行為，這是間接地得，而有所為的目的就是要得，得到想要的東西或效果。溝通說白了也是一種「有所為」，溝通的目的就是要讓對方了解自己的想法，滿足自己的願望，只是有時候我們的溝通能力決定我們所能達到的溝通效果。

人類之所以能夠互相了解、彼此欣賞或彼此排斥很大程度上是由溝通決定的。溝通得好，人們彼此間就會互相滿足、有繼續交往的意願，溝通不好，要麼大家各走各路，要麼積下怨氣，結下梁子，互相爭鬥。人人都希望能和別人和睦相處，人人都希望自己的意見能被別人理解，人人都希望自己的工作順利……而要與人和睦相處，要讓別人了解我們的想法，理解甚至支持我們的做法，就需要我們與他人做有效的溝通。

在職場上，我們不可避免地要和上司、同事、下屬、客戶、供應商等各方面的人打交道，如果溝通得好，我們的工作會順心得意，如果溝通不好，我們的業績就會下滑，情緒不佳。

上司與下屬的溝通直接影響工作的品質，職員與客戶的溝通直接決定了公司的生死存亡，同事之間的溝通，直接影響工作的效率和進度……為什麼工作能力似乎不如我們的人能夠平步青雲，而我們卻原地踏步；為什麼我們工作出色卻不得到上司賞識；為什麼我們有領導風範，下屬卻不服管理；為什麼大家接觸同樣的客戶，別人就能搞定，我們就只能乾瞪眼……這就是溝通問題。溝通是職場中的大問題，我們需要重視。

小蕾剛畢業就進入不動產公司擔任採購人員。具體說，就是負責購買各種公司需要的物品。她在這個位置上一做就是五年，從一個無名小卒成長為公司的中流砥柱。

為了在職業上有新的發展和突破，小蕾在工作的第五個年頭，跳槽入大型食品龍頭品牌，做物流主管。她的任務是負責上百種品牌食品的配送工作，這和她原本的工作有點類似，因而，小蕾認為自己可以勝任這個工作。

但事與願違，小蕾以為一切都在她的掌握之中，她可以應付自如，結果卻因為忽略了部門間的溝通險些釀成大禍。

對於物流部門來說，斷貨是最不應該出現的失誤，而小蕾剛一到任就遭遇到了這種狀況。這是她職業生涯的第一次失誤，她至今還耿耿於懷。

品牌供貨的一家賣場因為促銷活動，眼看就要沒貨了，於是立即向小蕾調貨，而小蕾手中已經沒有存貨，她只好向附近城市的分部催貨。附近城市分部的回覆是最快也要三天。小蕾覺得很傻眼，遠水救不了近火啊！

斷貨，這可是大失誤！怎麼會出現這種情況，小蕾開始檢討自己的失誤。這時候她才意識到，她上任後只是與前任主管做了簡單的工作交接，之後並沒有及時找相關部門進行細部的溝通，也沒有向下屬了解情形。小蕾此時相當後悔，怎麼會出現這種不可原諒的疏漏！

然而，後悔是於事無補的，她能做的就只有想辦法及時調貨。小蕾立刻召開緊急會議，動員自己的所有下屬去把已經配送到其他商場的存貨要回來。大家分頭行動，終於趕在促銷的廠商斷貨之前把貨物送上了貨架。兩天後，附近城市的分部把大批新貨送到了小蕾手上，小蕾這才喘了一口氣。

現在，小蕾已經成為星巴克咖啡廳的高級物流經理，但每次提到這次斷貨事件，她都心有餘悸，她說自己不能再犯同一個錯誤了。

工作中的溝通是工作得以順利進行的前提條件。沒有良好的溝通，工作就會出現偏差或失誤。小蕾沒有與銷售部門、生產部門以及本部門下屬做及時、細部的溝通導致產品差一點斷貨，這是她工作上的重大失誤，以致後來她還耿耿於懷。

職場上，隨時隨地都需要溝通，上司派下任務，我們需要向上司確認任務的目標和公司可能提供的資源；當同事誤會我們，我們需要向他們解釋事情的原委；當屬下有意見，我們要安撫他們；當客戶抱怨我們服務不周，我們要耐心聽他們抱怨，消弭他們的怨氣，幫他們解決問題；當供應商隨意加價，我們要向他們爭取權益……總之，溝通無處不在。如果我們不去溝通，或不能掌握溝通的技巧與他人好好溝通，那麼，我們就無法得到自己想要的東西。

不只有溝通是「有所為」的表現，努力掌握溝通的技巧和方法也是在「有所為」。那麼我們該如何進行有效的溝通，使它達到我們想要的效果呢？需要把握以下三個原則。

第一，明白自己的立場。新人要明白，自己是後來者，資歷較淺，所以在表達自己的想法時，要採用低調、迂迴的方式。而作為職場老人在表達自己時，要分清主題，在平等、尊重的基礎上提出自己的想法，不要過於強調自我。
第二，順應個人的風格。每個人溝通的方式都不一樣，如果對方開誠布公，你也要有話直說，如果對方喜歡含蓄，那麼你就要注意一下說話方式。
第三，溝通要及時。及時溝通能夠解決很多問題，它能避免誤會和積怨，能讓我們及時調整工作方向和內容，也能讓我們及時得到回饋。
總之，無處不需要溝通，我們主動與別人溝通、努力掌握溝通的方法和技巧就是在「有所為」，就是為了有所收穫。

原則二十二 與人來往要學會傾聽

捨與得是無處不在的，只要我們面臨選擇，面臨進退，面臨取捨，面臨種種決定時就會涉及到捨與得的問題。當我們在與他人進行溝通時，多說還是多聽就是我們要取捨的問題。

到底是多聽好，還是多說好，是要視情況而定的，就人們在人際交往中得到的經驗來說，傾聽比說更重要。

一個善於傾聽的人很容易被人接受，也很容易受到歡迎，這是因為被傾聽者在傾聽者的眼裡看到了尊重，他們願意把更多的事情拿出來與傾聽者分享。

專心聽別人說話是我們給予別人的最有效的讚美，不管說話者是上司、同事、下屬還是客戶，抑或其他人，傾聽都會讓說話的人感到內心舒暢，因為人們的關注總是集中在自己的問題和興趣上，如果有人願意聽他談論自己，他們立刻就會產生被重視之感，於是更有意願與聽者繼續交流甚至保持來往。另外，傾聽不僅可以使對方產生親近之感，緩解他的壓力，促進他工作效率的提高，還可以使我們深入地了解對方及其要表達的意思，為以後的互動打下基礎。

大家一定有過這樣的經驗，我們在和某些同事說話時，就像在與一堵牆說話，對方不是沒有反應就是只談論自己，雙方看似在對話，實際上是在各說各話，這樣的交流根本達不到溝通的效果，這樣的人就是不善於傾聽的人。而不善於傾聽的人，即使工作上再能幹，也會成為職場問題的製造者，沒人願意與他打交道。為什麼？因為不善於傾聽的人不能很好地理解說話者的意思，說話者本意希望他往東，結果他因為誤解，往東南方去了，出來的效果是，方向錯誤，徒勞無功。

所以，我們在與人交往時，要學會傾聽，而傾聽最重要的就是讓別人多說一些，自己少說一些。只有捨得放下自己不吐不快的衝動，詳細聽別人說，我們才會得到更多的資訊，受到別人的歡迎。

張先生是個善於傾聽的人，他做業務員一段時間了，客戶對他很滿意。

有一次，他按照重要客戶的要求去娛樂場所玩，回來後請財務人員幫他報銷。結果財務人員態度粗暴地對他說：「你第一天來上班啊？出去玩的錢也來報銷？」張先生一聽就是一愣，今天這是怎麼了，就算不能報銷你也不用火氣這麼大啊！我也沒得罪你啊！但是他看到財務人員的臉色，還是決定忍下心中的不快，於是他不慌不忙地說：「今天這是怎麼了，誰得罪我們財務大人了，拉出去砍了！」財務人員被他的話逗笑了，就跟他講很多業務員都拿不符合規定的票據找他報銷，他根本沒辦法報，一天工作量這麼大，他哪有時間幫別人索取發票？又跟張先生講他面臨的壓力，張先生微笑地聽著。

財務人員講完後，張先生笑著說：「原來是這樣啊。那你說吧，我要開什麼樣的發票才能跟公司報銷？我這就去開。含稅還是不含稅？」財務人員看張先生這麼痛快，也很痛快地給他講要開立什麼樣的票據，需要注意哪些問題，張先生很快就開好了票據拿回來報帳。

財務人員對張先生說：「你真是不錯，有幾個業務員馬馬虎虎，我都跟他們說過多少次了，他們也不記得，為了這個我還和他們吵過架！要是業務員都像你一樣我就不必勞神操心了。」

張先生因為善於傾聽，使財務人員情緒得到紓解，願意把具體的解決方案提供給他，並稱讚他比其他業務員善解人意，張先生在財務人員那裡受到了歡迎。如果張先生不放下自己的心中的不快，硬要讓財務人員聽他說，那麼後果可想而知。他的多聽少說，反而使問題解決。

傾聽的力量是很強大的，如果我們掌握了傾聽的技巧，我們就會成為廣受歡迎的人。那麼，傾聽有哪些基本技巧呢？

第一，傾聽要有精神。好的精神狀態幾乎決定了傾聽的品質，如果溝通一方精神渙散、萎靡不振，那麼他絕不會取得傾聽的效果，我們在於別人交流時，要時刻保持大腦的警覺，細心聽別人講話。

第二，及時做出反應。談話時，多用自己的姿態、表情、感嘆等。如微笑、點頭、稱是。

第三，必要時保持沉默。沉默是人際交往中的一種手段，運用得當可以達到「無聲勝有聲」的效果。但沉默一定要分場合，不能故作高深而濫用沉默。並且，沉默一定要與語言相輔相成，才能獲得最佳的效果。

第四，適時適度的提問。適時適度地提出問題是一種傾聽的方法，它能夠鼓勵說話者繼續說話，利於雙方相互溝通。

第五，不要輕易打斷別人說話。當對方因為要表達的內容多或情緒激動，而使自己的語言零散或混亂時，你也應該耐心地聽完他的敘述。即使有些內容是你不想聽的，還是要耐心聽完，千萬不要在別人沒有表達完自己的意思時，隨意地打斷別人的話語。

原則二十三　讚美是人際關係的潤滑劑

捨與得的內涵和外延都很大，我們給予別人的都可以理解為一種「捨」，比如，為別人提供某種資訊或機會，送別人一份關懷，幫別人做點小事，給別人一句讚美和祝福……這些都是在捨，有捨就會有得，也許這個「得」我們未必會第一時間獲得，但它終會出現在我們身邊，讓我們清晰地感覺、感知到。當然，這種得到也是多重的，或是精神上的，或是物質上的。

在職場上，我們如果能掌握好「捨」的藝術，那麼，我們的職業生涯將無往不利。在這種「捨」的藝術中，最便利，但卻最行之有效的一種就是讚美。

讚美是人際關係最好的潤滑劑，也是最有效的技巧，它能縮短人與人之間的心理距離，使人們彼此之間產生親切感。美國的心理學家威廉·詹姆士（WilliamJames）說：「渴望被人賞識是人最基本的天性。」試問有誰沒有渴望過同事的讚美，上司的認可，有誰沒有期盼過登上公司的榮譽榜？得到認可和尊重是每個人內心最真實的需求。所以，我們在與人交往時要善用讚美這種方法來和諧人際關係。

馬小姐的試用期快滿了，工作已經基本上手，同事們都覺得馬小姐算是能幹的，但是卻很少有人在她面前表揚她。馬小姐經常會想，是不是大家對她的工作不認可呢？為什麼她工作品質數量俱佳，大家卻視而不見？這樣的想法使馬小姐總是悶悶不樂，工作起來如履薄冰，生怕哪裡做錯了惹人非議，甚至連玩笑都不敢對別人開。

馬小姐的主管對下屬要求比較高，下屬難得聽他表揚誰，對於馬小姐的工作表現，他也心裡有數，嘴上不說。馬小姐看不出上司的意思，因而對自己能否留在公司感到困惑和忐忑。

就在馬小姐試用期滿的時候，馬小姐的主管被提升為經理，一個新主管接替了他的工作。新主管和舊主管完全是兩種人，他很喜歡表揚下屬，哪怕下屬做對的只是一件小事，他也能毫不吝惜地讚揚一番，同事們都很喜歡這個新主管。

前主管在與新主管交接的時候，提到過馬小姐工作表現，對她的學習能力和適應能力都很滿意，他建議新主管留下她。新主管在決定讓馬小姐成為正式員工這天，和下屬簡短的開了一個會，他說：「前主管說，馬小姐適應能力很強，是個可造之材。經過這段時間的觀察，我發現馬小姐的確能勝任這份工作，人事部果然沒看錯人！我們歡迎馬小姐正式加入我們的團隊。」

同事們熱烈地鼓起掌來，有比較活潑的同事還湊上來對馬小姐說：「你真的很棒！比我們剛進公司時強多了！」馬小姐聽了心裡喜滋滋的，從此以後，她工作起來更加積極了，不但時不時與前輩交流工作心得，還經常在能力範圍內幫同事一些忙。馬小姐與同事和上司相處得很融洽。

馬小姐在沒被讚美之前，總是擔驚受怕、心情低落，不敢與其他人多做交流，因而與同事和上司的關係都很一般。而她在受到新上司表揚、同事認可後，工作起來更加賣力，與人相處也更加順暢了很多。讚美，的確是打開別人心扉、拉近人與人之間距離的好方法。

發現別人的優點並給予由衷的讚美，是辦公室裡難得的美德。無論是我們的上司、同事，還是我們的下屬、客戶，沒有人會因為我們的讚美而生氣發怒，反而會對我們產生好感、心存感激。馬小姐之所以更加勤奮地工作、願意幫同事的忙，就是因為她得到認同和讚美後對大家心存感激、產生好感的結果。

讚美是一門藝術，有技巧的讚美，能夠使我們的上司更加欣賞我們；使我們的同事更樂於幫助我們；使我們的下屬更加賣力地工作；使我們的客戶更願意與我們合作，使我們的工作更加順利……不失自己尊嚴和修養的讚美，是我們營造良好職場人際關係的特效藥。

我們之所以說「讚美」是一門藝術，是因為它需要掌握分寸和尺度，有的人把讚美說過頭，它就成了阿諛奉承，有的人做得不到位，它就成了敷衍迎合，有的人不分時間和場合，它就成了無的之矢，這些都容易讓人產生反感。為了讓我們的讚美深得人心，確實起到和諧人際關係的效果，我們在讚美他人時要遵守一下幾個原則。

第一，讚美要真誠。了解對方的情感感受和自己的真實情感體驗，從內心裡發出真誠的讚美，只有這樣才不會給人虛假和牽強的感覺。真誠的讚美既能展現人際交往中的互動關係，又能表達出自己內心的美好感受，對方也能夠感受到我們對他真誠的關懷！

第二，讚美要分場合。讚美的話無需太多，有時只要一句話就夠了，但一定要分清場合，不合時宜的讚美不僅會讓對方感到不自然，還會使自己感到尷尬。

第三，用詞要得當。注意觀察對方的狀態很重要，如果對方剛好情緒很低落，或者有其他不順心的事情，過分的讚美往往讓對方覺得不真實，所以一定要注重對方的感受。

原則二十四　不談論別人的是非

中國有句古話「靜坐常思己過，閒談莫論人非」，意思就是獨處的時候多思考自己的過失，與人聊天、交流的時候不談論別人的是非、好壞、對錯。這又涉及到捨與得的問題，有的人為了一時之快，喜歡與別人談論其他人的是非，結果壞話傳千里，本以為無所謂的事，卻最終得罪了人，破壞了人際關係。如果我們能捨棄講他人是非的習慣，那麼我們不但會使自己遠離是非，還會得到他人的信任，與他人保持良好的關係。

很多人在工作之餘喜歡聊聊天，有意無意地點評一下不在場的人，尤其在聊到與自己有摩擦、有過節的人時，總不免發發牢騷、抱怨幾句，有的甚至大講誰誰誰的不好，以此來洩憤或報復。有時候人們看似在聊工作，但工作是人做的，聊著聊著工作，也就聊到了做工作的人，自然也會談到某人的工作能力，因為聊天是比較輕鬆的談話方式，所以人們不會過多地注重說話的嚴謹性和客觀性，這樣難免會將主觀的不服、不屑、輕視等情緒表現出來。當我們對某人的評價傳到對方耳裡時，對方就會心裡不舒服，從而不願意與我們來往，有的人甚至會以詆毀等方式來報復我們。這樣，我們就被捲入了是非的漩渦。

儘管我們知道背後議論別人不好，但一旦我們與同事相熟或成了朋友之後，就很難做到不參與議論，如果不參與有人還會覺得我們不合群，更何況對於某些人、某些事、某些論點我們還深有同感。

這個時候，我們要謹記，我們可以坐下來聽，但是我們不要輕易地發表自己的觀點，尤其不要將一些資訊傳給不在場的人。否則，很容易降低自己的信譽，甚至惹是非上身。

小娟到公司半年了，不但和同事混熟了，還交了幾個要好的朋友。大家工作休息的時候總是一起聊聊天，被上司罵、被同事排擠、嘲笑感到委屈和憤怒也拿出來講講，權當舒緩心情。

這天，小娟的好友小瑤又被上司責備了，起因是她做錯了報表的格式，讓上司找不到他想要的資料。小瑤在午休的時候向大家抱怨：「這是什麼主管啊，我不過是換了一種格式做嘛！他是認真還是笨吶？你看那個楊小姐，不是也常常換格式做報表？為什麼她就不會被罵啊？」同事打幫腔說：「就是說啊，我就覺得主管偏向她，什麼好事都能輪到，做了錯事只被蜻蜓點水唸一下！」小娟義憤填膺地說：「說得對，她不就是會拍馬屁嗎！整天跟前跟後，一口一個總經理、總經理的叫，端茶倒水、阿諛奉承……簡直噁心死了，偏偏這種人我們主管就是喜歡，真氣人！」

小瑤聽了這些心情好多了，小娟也為自己能分享好友的心情而感到欣慰，但是小娟萬萬沒想到，她這一番話惹了禍。

原來，小娟的話傳來傳去傳到了楊小姐耳裡，楊小姐怒不可遏，我怎麼得罪妳了，妳幹嘛跟我過不去？氣憤的楊小姐開始對小娟橫眉冷對，不再配合小娟的工作。更可怕的是，楊小姐把小娟的話告訴了主管，主管聽說後也很氣憤，總是藉故刁難小娟。最後，小娟無法忍受辭職了。

小娟在聽小瑤和同事議論上司和楊小姐時，沒有保持緘默，而是積極地參與到「是非」中去，因而使自己陷入困局，最終落了被辭退的結果。說人是非，也就成了是非之人，是非之人很容易惹禍上身。

適當的閒聊有利於舒緩壓力，放鬆心情，但在閒聊時要捨棄那些毀壞他人名譽、進行人身攻擊的背後議論，因為我們以什麼樣的方式對待別人，別人就會以什麼樣的方式來對待我們。

在職場上，我們對同事有什麼不滿，能解決的自行解決，不能解決的可以找主管協商，如果無法解決，那麼就要忍，總之不要輕易說同事的是非，說了是非，就要被是非所累。

如果是對工作、對上司不滿，我們可以直接跟上司談，告訴上司他用什麼樣的方式與我們相處，我們更容易接受，如果上司不願意改變自己的行為方式，我們也只能忍耐，切不可背後議論上司的是非，這樣只會禍及自己。

另外，也不要把私人情緒輕易告訴別人，有人喜歡在IG或FB貼文抒發感情，什麼「有這麼離譜的客戶嗎?」、「天天加班，煩死了!」、「最討厭拍馬屁的人!」等等，這些話別人一看就知道是指桑罵槐，不但不利於解決問題，反而會使人際關係越來越差。

我們要做到不談論他人是非，最重要的是自尊和尊他。自尊就是要自我尊重，不僅要知道說人是非是不禮貌的行為，還要意識到，說人是非是本身修養不夠的展現，是對自己的不尊重。尊他，就是要在心裡尊重別人，包括尊重別人的人格、愛好、個人隱私等等，只有自尊和尊他，我們才能從根本上捨棄說人是非的毛病。

原則二十五　少一些私心，多一些公允

捨得，有捨才有得，不捨便沒有得。世界上沒有免費的午餐，也沒有白得的信任和尊敬，所有的一切都需要我們有所捨才能取得。想要花開，就要澆水施肥；想要健康就要勤於運動；想要家庭和樂就要多花些精力和家人溝通；想要事業有成就要付出汗水和努力……總之，沒有捨是不會有得的。

職場管理也是如此，沒有捨就不會有得。很多管理者在工作中因為撇不下私心，處理問題便出現了偏頗，結果導致下屬不服，或工作出現疏漏，甚至會因為假公濟私而自食惡果。

一個管理者在用人時心存私心，就會出現有失公允的現象，而一旦下屬對管理者形成處事不公的印象，管理者將很難駕馭下屬，同時，被管理者偏袒的一方也很難得到大家的認可，甚至會被人為設置障礙。如果管理者在做事時動了私念，那麼，他就會對別人的利益、公司的利益置若罔聞，一心只為自己謀福利，而這樣做的結果只有兩個，要麼別人的利益受侵害、公司的利益受損傷，要麼，管理者因事情敗露而遭到懲罰。相信這兩種結果都是我們大家不願意看到或得到的。

一個管理者要想管理好自己的部門、自己的下屬，就要少一些私心，多一些公允。只有這樣，他才能得到下屬的尊敬和服從，得到上司的信任和賞識，得到職業的安穩和發展。

阿亮是新上任的業務經理，他在上任的同時，還帶了一個助理，兩個業務。阿亮的想法是，他新到公司人生地不熟，要有能信賴的人給自己辦事才行，不然勢單力薄，很難掌握全局。

誰知，他帶來的兩個業務剛到沒幾天就與老業務起了衝突，原來，老業務看到阿亮帶來的業務態度傲慢，又不守公司「不准搶自己公司業務訂單」的規矩，所以想要給他們一點教訓。這讓阿亮很頭疼，他帶來的業務的確做得有點過分，但是他們是他帶過來的，如果嚴厲責罰他們會讓這兩個人寒心，況且，他們是站在自己這一邊的。所以，阿亮除了責備他們不該這樣傲慢地對待老員工外，沒有採取任何措施平息老員工的怨氣。

老業務期望這兩個業務能對自己道歉，歸還他們從自己手裡搶走的客戶，結果上司只是這麼輕描淡寫地帶過，這實在讓他們難以接受，但是礙於阿亮業務經理的面子，又不好大動干戈，只好忍了下來。這之後，誰也不願意聽阿亮的話了，阿亮讓老業務往東，老業務嘴上答應著，卻往西去了。

阿亮覺得長久下去不是辦法，便把他帶來的兩個業務分開，分別與老業務組成一組展開工作，結果，業務們做出了成績。但是阿亮在表揚業務的成績時，主要提的卻是他帶去的業務的名字，而對其他老業務只順帶提了一下。老業務們更是不服氣了，大家聯合起來不聽阿亮指揮，阿亮的工作很難再進行下去，最後不得不被迫辭職。

後來，他又找到一份經理的職位，這次他吸取前次的教訓，對手下的員工一視同仁，不偏袒任何一方，終於取得了工作上的突破。

新業務做錯事，阿亮因為心存私心沒有懲罰，結果搞得老業務憤憤不平；當老業務取得成績時，阿亮卻因為要凸顯「自己人」而置老業務的感受於不顧，結果失去了老業務的信任和尊重，無法再將工作順利進行下去，最後只能以辭職收場。

老業務之所以不聽阿亮指揮，是因為他們感受到阿亮處事不公，他們得不到應有的權益和情感需求。不公平感的消極作用十分明顯，不僅嚴重阻礙下屬發揮積極度，還會讓下屬對上司產生違抗的心態，造成管理上的混亂。所以，管理者在面對下屬、面對工作時，要盡量減少自己的私心，給下屬一個較為公平的競爭環境。

那麼，我們要怎麼做才能讓下屬感覺到公正、公允呢？

第一，用人唯賢，不用人唯親。用人時要注意不管親疏遠近，要任用有才能的人，而不是與我們關係密切的人。這樣做才能激發下屬的工作積極度，使下屬願意接受和服從我們的領導。

第二，就事論事。例如，即使是和我們熟悉的員工做錯了事，該怎麼處理就怎麼處理，不要牽扯到個人感情。

第三，不戴有色眼鏡看人。下屬對上司基本上都是尊重的，只要我們在心裡也尊重每個人，就會做出公允的事情。

第四，論功行賞，而不是論人行賞。對於屬下的成績，要按照各自的貢獻給以表揚和獎勵，不能按照關係的親密度來給予獎賞。

原則二十六　選邊站不如中立

捨得是一種修養，也是一種境界，它不僅需要智慧，還需要技巧。哪些不該要，哪些該爭取；不想要的怎麼捨，不想做的怎麼拒絕，不想參與的如何規避；想要的怎麼得到，想做的如何爭取，想爭取的如何進入……這些都需要我們思量和忖度。

人生在世很多事情都需要我們仔細拿捏、謹慎處理，職場上的事尤為如此。因為職場是我們的經濟來源，牽涉到我們的生存與發展，所以每一個職場中人都必須慎重對待。職場中有一種現象是最需要我們謹慎應對，小心處理的，這就是所謂的「選邊站」問題。

儘管我們不願意面對辦公室政治，但辦公室政治卻依然存在，這種力量強大到每個職場人士都會受到影響，於是「選邊站」問題便應運而生。不管是職場新人，還是職場老江湖，最頭痛的問題就是不知道該選哪一邊站，上司的競爭關係導致選邊站具有排他性，你不可能既與這個上司一國，又與那個上司一國。一旦一個人選擇了其中一邊，他就會受到這個上司自身職涯發展的影響，所以對於職場中人而言，選擇一個「績優股」成了重中之重。問題是，哪個上司才是「績優股」呢？還要長好眼睛、投好保才行。如果選擇不好，很可能吃到站錯邊的苦果。

阿磊大學畢業後進入一家規模不大的股份有限公司工作，因為年輕力壯肯吃苦，專業知識又深厚，很快成了公司不可或缺的技術中心。總經理和副總經理先後表示要有栽培他的意願，阿磊心裡相當高興，自己這麼受到主管厚愛，前途一定是不可限量！

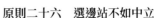

但是沒過多久的時間，和他一起工作的前輩悄悄地對他說：「你還不知道吧？總經理和副總經理不合，選哪邊，你看著辦吧……」阿磊愣住了，他剛開始工作，哪有這種經驗，還真不知道該怎麼處理。他仔細思考了好幾個晚上，決定「投靠」總經理，第一，總經理比副總經理的權力大、地位穩，第二，當初是總經理一眼看中他，把他招入公司的，這是知遇之恩。

阿磊決定好了之後，對副總經理的態度立即發生改變。這天，副總經理又過來交代任務，阿磊冷冷地說：「今後有什麼事情還是向我的經理交代吧！需要我做的，經理自然會分派給我。」副總經理聽了就是一愣，他低頭沉思了一下說：「好，既然你不願意那就不勉強了。」說完，副經理毫不猶豫走了出去。

從此，阿磊一心一意地跟著總經理做事，副總經理找碴整他，總經理總是挺身而出「罩」著他，他終於體會到「大樹底下好乘涼」的滋味了。

但好景不常，這天下班，總經理忽然邀請他這一派的人去聚餐，大家正在興頭上時，總經理忽然拿起麥克風說：「今天，我遞交了辭呈！這個聚會是和大家的告別會。」大家都愣住了，阿磊也傻眼了，這是怎麼回事，說走就走，我要怎麼面對副總經理呢？

更讓阿磊苦悶的是，原來的副總經理當上了總經理，直接管理他。阿磊小心翼翼地工作，生怕有什麼疏漏被副總經理抓住把柄修理一番，但是副總經理心中已經有疙瘩，任憑阿磊怎麼小心，他都能雞蛋裡挑出骨頭來。阿磊忍無可忍只好辭職，另謀高就了。

阿磊選了總經理的那一邊後被副總經理排擠，因為有總經理「罩」著他才安然無恙，但是，總經理離開後副總經理上任，他的日子便難過起來。因為，副總經理介意他曾經站在總經理的那邊，不肯輕易放過他，最終只能以悲劇收場，阿磊成了辦公室政治的犧牲品。

「選邊站」並不是高明的舉動，首先我們很難判斷哪一邊更有發展前景，其次，選邊站容易引起另一邊對我們工作的不配合，我們很難繼續順利進行自己的工作。如果我們選錯邊站，很明顯會自食惡果，如果我們選對了，剛好選中了一個「績優股」，那麼，我們得到的也不過是一時的庇護，因為還會有另外的「潛力股」上升。這樣下去，我們作為派系裡的一份子就要永無止境地加入紛爭。所以，面對辦公室政治，最好的辦法就是保持中立。

「中立」看似很難，但只要堅持，就會收到良好的效果。下面介紹幾個小技巧幫助大家遠離「選邊站」保持「中立」。

第一，不搞小團體。有很多人覺得搞小團體可以保護自己，而實際上，發揮自己潛能做好本分的事，才能給我們自己最大的安全感。交朋友要交真心朋友，而不是因為利益聚集在一起。不管別人是那一派，在別人需要幫助的時候伸出援手，他們就會接納我們。在適當的時候，與別人分享榮耀，不管對方是哪一邊的人，他們都會欣賞你。

第二，只聽八卦，不加入討論八卦。辦公室裡的閒言碎語往往會讓你對辦公室裡的權力鬥爭和八卦事件想入非非。如果你也加入其中，那麼，你很容易被拉入某一派系。

第三，保持距離。如果兩邊或多方都想爭奪你，你最好與他們都保持距離。獨來獨往有時候未必是壞事，職場就是工作的地方，如果牽扯到太多私人感情，容易出現情感偏離。在公司交朋友最好交不同部門的人。

原則二十七　放下架子才能路更寬

放下架子是一種智慧。放下就是捨，放下架子就是放下虛榮，放下自高自大、裝腔作勢的作風。自高自大是一種無形的精神枷鎖，它會使人厭倦我們。人們對有架子的人經常給一句「耍什麼大牌啊！有什麼了不起的！」而對於沒架子的人總是說：「認真不錯，沒架子」。這是由衷的讚揚。所謂「有架子」通常是指一些有權勢，有地位的人，人們對這類人「端著架子」的行為很不滿，認為這是在炫耀「身分」和耍「威風」，讓人看起來庸俗又淺薄。

放下架子，不僅能使我們認清自己，看清道路，還能使我們廣結人緣。放下架子，心懷謙虛的人，能夠時時反省自己的缺點與不足，及時修正自己的言語和行為，深入學習自己所欠缺的知識，為自己成為更具實力的人而努力。一個人一旦放下了架子，那麼，他就會虛心地向別人請教問題，誠懇地向他人提出建議，謙和地與人交往，這麼一來，人們就願意與之相處和合作，他的道路自然越走越寬。

作為一個上司，如果整天端著架子，不與下屬交流，或是一找下屬就滔滔不絕地發表自己意見，根本不容下屬說話的話，那麼，他就離成長壯大越來越遠，離孤立無援越來越近了。

下屬向我們表述他的意見和看法時，正是我們打開思路，學會全面思考問題的好機會，即使下屬所提的建議對我們工作的進展沒有什麼實質幫助，我們也可以塑造出一個親民的形象。而如果下屬所提出的看法或建議能夠使我們的工作更完善，那麼，我們就學會了從另一個角度分析和解決問題。而當我們以謙和的態度接受下屬的意見或建議時，下屬絕不會認為我們無能，反而對欣賞我們虛懷若谷的精神，因而會更加積極地為我們獻計獻策。

放下架子，不僅能夠讓我們成長，提高我們的個人魅力，還會讓我們能聚攏人才。

吳先生原先在一家公司做部門主管，偶然之中結識了一家飯店的老闆，飯店老闆看他能幹，便以飯店經理的職務挖他過來，吳先生考慮了幾天便答應了。

這天，他正在飯店裡巡視，忽然看見自己原來的老闆走了進來，他躲閃不及，只好走上前去。原老闆說，他是來請他喝酒的。吳先生有些意外，離開原公司那還會得到老闆的邀請？他陪著笑說：「應該是我請！」於是叫了一桌酒菜，自己作陪。

原老闆笑容可掬，情緒甚高。他與吳先生談起了自己的創業經歷，談起了創業中的酸甜苦辣，動情時竟然眼含淚花。這讓吳先生更加意外，他想不到自己曾經的總經理會這樣與自己交心。談完了往事，原老闆開始詢問吳先生的近況，他饒有興致地問：「還好吧？做得還順手吧？」吳先生自然要好好分享一番：如何受老闆賞識，如何春風得意等等。他還不無驕傲地說：「按照初步估計，在今年一年就能獲利兩百萬了。」原老闆微微笑道：「兩百萬嗎？我認為那太少了！」吳先生愣了一下說：「就這麼一個小飯店，能賺到這些就已經不錯了。」

原老闆認真地說：「我認為你一年應該能再多賺幾倍，你太沒自信了，這個小地方根本藏不下你，你在這裡太大材小用了。你還是回來跟著我吧！」吳先生心裡百感交集，又驚又喜，他對原老闆說：「你不是在開玩笑吧？我剛出來，你就請我回去。」原老闆慢慢地說：「我當初不知道你要辭職，如果知道我是不會放你走的！」吳先生有些為難道：「我連原本在公司附近的房子都退租了，回去哪還有位置啊？」原老闆哈哈大笑：「你錯了，既然我能來請你回去，怎麼會不為你安排住處呢？你考慮一下我等你！」

吳先生果然返回了公司，一年後，他為公司創造了近千萬的獲益，吳先生的經理位置坐得穩穩的。

吳先生原來的老闆如果不放下架子請回吳先生，那麼公司就會損失一個人才。他放下架子求賢的行為不僅能夠幫他獲得人才，還將幫他留住更多的人才。因為一個禮遇下屬的管理者也必將得到下屬的禮遇。

放下架子，才能收穫一批人才；放下架子，才能贏得合作；放下架子，才能有所提升……人才多了、合作夥伴多了，能力強了，自然路就寬了。一個人想要在管理上取得成功，就要放下自己的架子，謙和待人。

當然，放下架子不光是形式上的放下，還要從內心真正的放下。表面上放下架子的人，在與人相處時很容易露出馬腳，給人不真實、虛偽的感覺。只有真正的放下自高自大的態度，我們才能真正地謙和起來。

原則二十八　不越位做別人的事

自古以來「有所為，有所不為」都是君王治國安邦之道，而到了現在，它已經發展成為企業管理之道，人們做人、做事的成功之道。有所不為就是捨，捨棄某種意念和行為，做出另外一種選擇。職場中，很多事情是需要不為的，越位就是其中之一。

越位，顧名思義，就是我們做了不屬於我們責權範圍的事，一般有三種情況，一種是下屬越上級位；另一種是平級越位或者說是同事之間越位；第三種情況是，上司手臂過長，控制欲過剩，把下屬當成了「光緒」垂簾聽政。三種情況都會引發被越位者的不滿，進而破壞職場人際關係。

當下屬越了上司的位時，會讓上司產生不被重視、權威受侵犯的感覺。為了捍衛自己的權威，他在以後的工作中必然處處警惕、事事留心地防範和制約我們，這就為我們和上司的關係埋下了暗雷。另外，我們的越位行為如果沒有被及時阻止，那麼就會引起其他同事效仿，這樣一來，不僅上司無法正常行使權力，導致管理混亂，還會引起更多同事的反感。例如，跨越職權範圍，自己決定與客戶的交易價格等，這不僅會使我們的上司難堪，還會讓我們的同事不好與其客戶進行談判，因為同事的客戶知道我們與客戶的交易價格後，必然也會提出同等要求。

當我們越了同事的位時，就算同事不覺得我們在惡意競爭，也會在客觀上帶來權責不清的後果。例如，我們沒有與同事打招呼就替同事做了一項工作上的決定，結果決定在執行過程中出現了問題，這樣，上司責怪下來，就會出現「踢皮球」的現象。

當上司越下屬位時，下屬會覺得被捆綁住了手腳，才能無法發揮，從而失去工作的熱情。

所以，聰明的職場人士是不會輕易做出越位的舉動的，因為他們知道，越位是不高明的，它所帶來的後果，往往比一時痛快嚴重得多。

羅先生是部門銷售經理，他負責大客戶的開發和維護工作。他所在的公司，以前沒有銷售副總經理，他一直都是直接與總經理進行溝通的。現在，這家公司來了一個銷售副總經理，而按照公司規定他要先向這位副總經理彙報工作，再由這位副總經理彙報給總經理。

副總經理上任一段時間後，羅先生發現這位副總經理工作能力不強，三四個月過去了，連員工訓練都辦不好，連基本的商業合約都不會弄，他心裡多少有些不服氣。而且，副總經理對公司的客戶關係不熟悉，對公司的產品也只是一知半解，每次他向副總經理報告都得不到有效的意見，他還要再跟隨副總經理向總經理報告一次。羅先生覺得向副總經理報告很麻煩，於是找到總經理，請求直接與總經理進行溝通。誰知，總經理卻以這不符合公司流程為由拒絕了。

羅先生只好選擇私下與總經理溝通，總經理有時會私下叫羅先生到他的辦公室去，銷售副總經理覺得羅先生不透過他向總經理越級彙報是對他不尊重，於是開始與羅先生產生摩擦。羅先生也很苦惱，副總經理雖然能力不是很強，但是他有人脈，自己只是個基層主管，他不知道怎麼處理這個問題。

後來，羅先生與副總經理做了一次坦誠的交談，他向副總經理承認自己處理關係不當，不應越級上報，希望副總經理諒解。副總經理也知道自己的能力還要加強，而且羅先生已經服軟，他不能太沒風度，於是兩人達成了和解。經過這番接觸，羅先生覺得副總經理並不像想像中那樣難溝通，他覺得他雖然經驗不足，但很有條理。假以時日，這位副總經理或許真能做出些成績。之後，羅先生沒有再犯過越級上報的錯誤，他與副總經理的相處也融洽了許多。

羅先生因為越級上報，使得銷售副總經理對他不滿，致使兩人產生摩擦，結果搞得自己也很苦惱，這是得不償失的。越級上報本身就不利於公司管理層職責分工和授權，羅先生將公司流程打破自然會引發矛盾。好在，他經過溝通與銷售副總經理冰釋前嫌，才保證了日後工作的順利。

在職場中，積極工作是件好事，但積極不能過頭、不能越位，所謂在其位謀其政，我們在什麼樣的位置上，就要做什麼樣的事。只有明白自己的角色，擺正自己的位置，在自己的職位角色上有節制地做人和出力，我們才能得到應有的尊重和利益，也才能維護好職場人際關係。

原則二十九　顧全大局，捨一點自我

捨得是一種人生態度，人不到一定境界是難以理解捨得的真正含義的。捨並不是單純的放棄，它還在於更高層次的獲得，這種獲得或者在自己的未來，或者在全域利益得以保全之後。

一個職場中人如果真正地明白自己的位置和責任，就會知道什麼是該捨得的，什麼委屈是能忍耐的，什麼時候是必須做出讓步的……這種站在責任的角度上的取捨過程就是在自我和大局之間做選擇的過程。這個自我涉及到自我的個性、喜惡、經濟得失，甚至是名譽等等，而大局涉及到整體團隊的運作。當大局利益與自我利益發生衝突時，如果我們以自我為重，放棄大局的利益，那麼，很可能會造成整個局面的混亂，使更多人的利益受損，最終也會危及到我們自身。但如果我們能捨棄一些小我，保全整體利益，那麼，在整體運作良好的同時，我們也會得到相應的補償和回報。

維護大局利益有很多種，維護主管權威就是其中一種。維護主管權威，讓主管能夠有效地行使職權，就能夠使同事們保持良好的執行力，促進工作進展，保證公司正常運作，公司好了，我們得到的薪水、福利自然就多了起來。另外，維護主管權威短時期看可能影響到我們的利益，但從此長遠來看，卻能讓我們升遷。為什麼？因為當主管知道我們是懂得顧全大局的人的時候，他就會相信我們不會做出有損公司利益的事；當他知道我們為他捨棄什麼時，出於感激和補償心理，他會在升遷加薪的問題上考慮到我們。

一天，局長祕書畢先生正在辦公室裡批閱公文，一個退休公務員怒氣衝衝地跑來說要找局長。畢先生抬頭一看，原來是經常提出陳情的胡伯伯。胡伯伯退休兩年了，卻依然對局裡的事關心備至，時不時地跑來反映問題，畢先生每次都熱情地招呼他。

看到胡伯伯臉色難看，畢先生一邊安撫一邊招待他喝茶，而後敲開局長的門，請示局長如何處理此事。局長正忙於局裡的業務，不想見到胡伯伯，於是頭也不抬地對畢先生說：「告訴他我不在！」

畢先生回到辦公室對胡伯伯說：「局長不在辦公室，您先回去吧！有什麼事情我轉告他！」胡伯伯也沒辦法只好悻悻地離開了祕書科。

一個小時過後，畢先生起身去廁所，沒想到在廁所門口遇見局長正和胡伯伯握手寒暄，胡伯伯還對局長說：「剛才畢祕書說你不在辦公室！」局長卻絲毫沒有猶豫地說：「哪裡，我一直都在啊！」畢先生聽了心裡很不舒服，但他並沒做聲。

原來，胡伯伯離開祕書科後並沒有回家，而是很不甘心地在辦公室的走廊裡走來走去，剛好兩個人在廁所門口碰見了。胡伯伯趕忙上前跟局長打招呼，局長只好和他聊了起來。

事後，胡伯伯對畢先生很不滿意，逢人便說畢先生做人不厚道，欺上瞞下，沒資格當祕書科長。畢先生有口難辯，一開始覺得很委屈，但後來轉念一想，主管這樣做也很無奈，總不能說「是我讓他說謊的」吧！這不是會被說不關心民眾嗎？自己是做祕書的，應該注意維護主管的形象，否則很容易使主管失去威望，難以管理下屬。所以他從不對別人解釋此事，聽到別人議論也一笑置之。

局長看到畢先生受這樣的委屈還努力維護自己的形象，對他更加信任了，他認為畢先生是個能屈能伸的人，這樣的人一定可以獨當一面。後來，局裡選拔副局長，局長第一個想到了畢先生，他們一起工作多年，配合默契，且能以大局為重，是個可用之才。於是局長推薦了畢先生。畢先生順利當選。

作為祕書，維護主管形象、幫助主管建立名望是祕書工作者必須具備的能力。因為上司公務繁忙或有其他原因不願意接見來訪者，這是很正常的現象。祕書按照主管的意思用各種方式回絕來訪者是工作的需要，也是職責所在。

畢先生能夠按照主管的意思處理此事無可厚非，尤其是在遭到他人誤會的時候，他能從大局出發，不計個人得失維護主管形象，才使得主管保全了名譽和聲望，維護了民眾和政府之間的關係，他也因此得到了主管的賞識，榮升為副局長。

一個站在大局考慮問題、維護主管權威的人，會得到主管的信任和感激，也會使自己在未來獲得回報。

維護主管權威只是顧全大局的一個表現，顧全大局還涉及很多內容，例如，公司發放福利時，數量缺失或不足量的一份被我們遇到，我們是不是要計較；客戶與我們發生爭執，我們要不要妥協；上司被他的上司責備時，把責任推給我們，我們是不是要忍耐等等，都需要我們從整體上來衡量之後，再做決定。

一個人不管能力有多強，如果只考慮自己的私利，而不顧及團體的利益，那他不僅會使團體蒙受損失，還會使自己不受歡迎，最終損失的也還是自己。

原則三十　得理饒人，為別人留後路

中國有句古話「殺人不過頭點地，能饒人處且饒人」說的就是捨，捨什麼呢？捨的是得理的氣焰，是鑽牛角尖的執著。有捨就有得，如果我們能捨一份氣焰、一份執著，那麼就會給人留下一份尊嚴，一條退路，得到的就是人們對我們的感激和尊重，他日相見，對方定會圖報，即便不如此，我們也會減少一個敵人或反對者。這便是給他人退路就是給自己退路。

人與人相處總會有跌跌撞撞的時候，上下屬之間有不快、同事間起紛爭、與客戶有摩擦不一定非要爭出個高低勝負，分出個你對我錯。有的時候，因為大家立場不同誰對誰錯很難分清楚，我們最終的目的不是讓誰服誰，而是讓工作順利地進行下去。然而遺憾的是，很多人都本末倒置，認為壓倒了對方才能使工作順利進行，這樣做的效果往往是適得其反，不但不利於問題的解決，反而使人際關係惡化，為自己樹敵。

有時候，即使我們確實有道理，也不能揪住別人的小辮子不放，在別人知錯的情況下，還要逼迫別人當眾認錯，或非要他們對我們低頭。這樣做不但會使對方有喪失尊嚴之感，還會進一步激起他內心的反感，即便不做出一些不理智的舉動，也會使他們對我們厭而遠之。

能饒人處且饒人，不僅是美德，也是智慧。寬容他人的過失，原諒別人的過錯，會顯示出自己的容人之量，展現出自己的人格魅力，讓大家更願意接近我們，願意與我們合作；給別人一條退路，放對方一馬，會使事情得到圓滿的解決，也會讓別人對我們敬重有加，為日後的相見或合作創造良好的條件。

張先生是一家裝潢公司的廣告部主任，有一次，他們製作一個大燈箱給一個公司部門，安裝這天，客戶公司的後勤長官楊大哥堅持要張先生的屬下按照他提供的方法安裝燈箱，結果燈箱安裝到一半的時候，因為操作方法不當，摔在地上碎了，損失了近萬元不說，還差點砸到人。

張先生得知此事後非常生氣，理直氣壯地找楊大哥理論。「我說你也管太寬了，安裝燈箱是我們的工作，你怎麼可以指手畫腳的？」楊大哥見張先生氣勢洶洶，雖然不願意還是道歉道：「不好意思，是我多嘴了，沒想到後果會這麼嚴重。」張先生還是沒消氣：「你不好意思就解決問題了嗎？這下責任算誰的？」

楊大哥見張先生得理不饒人也不高興了，他說：「雖然我是說了幾句，但你的員工也太沒主見了吧？我不過是提了幾個建議，他們不是專業人員嗎？難道是混飯吃的？」張先生一聽更火了：「這麼說你是想賴帳啊？」楊大哥更不高興了：「你說話怎麼這麼難聽，重點是要分清責任，我們不能出冤枉錢。」

兩個人你一句我一句地吵起來，最後，張先生丟下一句話：「我們法庭上見。」就走了。

第二天，張先生的上司把他叫去訓斥了他一頓：「你做事怎麼不帶腦子呢？我們和他們公司不僅僅是一個燈箱的交易，你和他鬧僵了，今後還怎麼合作？」訓斥到最後，上司對張先生說：「你消消氣，主動跟對方賠不是，想辦法把損失降到最低！」

張先生只好硬著頭皮去找楊大哥，讓張先生意外的是，楊大哥很誠懇地向他認了錯，兩個人冰釋前嫌，商量好損失各負擔一半。兩人不打不相識，成了好朋友，業務上的往來有了顯著的增加。

事實上，楊大哥並不是一個不講理的人，只是張先生在氣頭上言辭太過激烈，太過據理力爭才使得兩人爭執得很僵。

張先生在得知因為楊大哥的原因導致燈箱破碎時，氣勢洶洶地找楊大哥理論，這使楊大哥很反感；在楊大哥向他道歉後，他仍然不依不饒，結果激起了楊大哥的情緒，導致兩人起了激烈的爭執，最後不歡而散。如果不是張先生的上司讓張先生向楊大哥道歉，兩個人別說成為朋友，就是燈箱的問題都解決不了，而且還可能影響到今後的合作。

去找楊大哥道歉的張先生不僅與楊大哥成為好朋友，而且還多了業務往來。所以說，能饒人處且饒人，退一步自然海闊天空。

在職場上，我們會接觸到客戶、上司、同事。因為每個人的性格、立場、處事方式不一樣，難免會有摩擦，當發生摩擦的時候，如果我們一方真的有理在先，也不能不給別人退路，如果那樣就是予己不便。

我們與同事發生了爭執，道理是在我們這一方的，我們急於證明自己對、對方錯，而咄咄逼人地反覆強調對方過失，要對方道歉或補償，就會把對方逼入死胡同，而兔子急了也會咬人，我們的同事急了也會對我們還以顏色。如此一來，矛盾頓起，兩人的衝突更難解決。即便是解決了，兩個人在一起工作也會感到彆扭，小心眼的同事還會故意找我們麻煩。而且，當我們得理不饒人時，其他同事也看在眼裡，他們會忌憚我們這些

「計較」的人，對我們敬而遠之。所以，得理不饒人從長遠來看是自己的損失。

至於上司，我們也不能得理不饒人，上司所需要的不僅是尊嚴、尊重還有權威，我們占到了道理，他們心裡清楚，他們不願意承認就是因為他們需要維護自己在員工面前的權威，如果我們破壞了他的權威，他們還怎麼重用我們？誰會自己找罪受！

客戶是上帝，他們對我們不高興，我們與他們的合作就很難進行下去，我們抓住道理不放，讓他們難堪時，我們很可能已經流失了這個客戶。

誰都有過失，誰都有做錯事的時候，我們有理，也要禮讓別人，不要執著於追求自己表面上的勝利，只有這樣我們才能走得更遠。

原則三十一　人際和諧要換位思考

捨得就意味著要放下，放下那些在我們看來阻礙我們的、牽制我們的想法、念頭、利益以及行為等等。

在職場中，我們大概會發現這樣幾種表象：上司可以輕鬆地待在寬大的辦公室裡，一邊上網聊天，一邊悠閒地發號施令，發薪水的時候，他們還可以輕鬆地享受一部分我們所創造的「剩餘價值」；工作久了的同事不是自己的工作就不做，誰也不幫助誰；新來的員工就像隻脾氣火爆的山羊，誰也不服，到處亂撞。這些表現使我們滋生出許多不滿情緒，動不動就心理不平衡、看別人不順眼，結果導致我們在與他人相處時不能客觀地看待問題，一味地盯著事件的表象，忽略了他人的付出和壓力，最終破壞了職場的人際和諧。

阿浩已有一年的工作經驗，新跳槽進入一家廣告公司。剛上班時，前輩對他態度冷淡，他感覺公司人情味不足，因而不願意與前輩多做交流；又因為到這家新公司後，做的是以前不熟悉的動畫，所以工作起來比較吃力，他的主管時常因為他工作進度慢而責備他。

阿浩心裡不舒服，公司前輩不教我做，我自己摸索自然會慢；主管只知道坐在那裡說風涼話，你自己倒是做做看！還不一定能做得比我快呢！

在做一次比較複雜的動畫時，阿浩改了很多次內容還是出錯，主管氣急敗壞地說：「你怎麼領悟能力這麼慢，都多久了連個動畫都做不好，私下不加班，動作慢還不努力！今天就得做出來，客人等著要呢！」阿浩聽他這麼說生氣了，我整天都被綁在公司，都不能有一點私人空間嗎？再說，回到家我還加了兩三個小時的班呢，你不了解就這樣呵斥我，也太不像話了吧！阿浩按捺不住心裡的不快，和主管吵了起來。

爭吵到最後，兩個人都憤憤地回到各自的位置上生悶氣。阿浩越發感到公司的氣氛壓抑，工作對他來說成了一種煎熬。

阿浩如果在爭吵之前能站在主管的角度思考問題，那麼他就會理解主管希望任務早些完成的迫切心理，也就不會動這麼大的肝火與上司爭執；如果他能站在前輩的角度來審視自己，就不會悶著頭做事、不請教前輩問題，也就不會出現工作效率長時間不能提高的現象。如果上司能夠站在阿浩的立場去思考他所面臨的困難，了解他的工作狀況，他也就會對他多些理解，幫助阿浩解決問題，而不是光會催進度；如果老員工能夠伸出援助之手，阿浩也會儘快掌握技術，不拖他們的後腿。如果這些「如果」成立，那麼就不會有現在的局面。

站在別人的立場考慮問題，能夠讓我們對別人多些理解和寬容，避免進一步的不滿和衝突產生，也能潤滑人際間的關係。如果我們想要營造出一個輕鬆、和諧的人際關係，最好的辦法就是捨棄一部分自己的角度，去站在對方的立場考慮問題。

當我們看著玻璃窗裡打瞌睡的老闆時，我們可曾想到，他也曾像我們一樣勤奮、努力地工作過；當我們知道他的年終獎金比我們多上好幾倍時，我們可曾想到，他要頂著多大壓力來完成公司定下的指標，他每天要應酬多少人，他要被他的上司訓斥過多少次，他每天怎樣擔心他這個團隊的業績……

當我們請求同事幫著我們做工作時，不是關係好的同事通常會拒絕，這個時候我們不要抱怨，因為他們手頭也有工作，也在趕進度，月底考核是與各自的績效掛勾的；他們也怕做不好我們的工作，不出問題便罷，出了問題要由誰來負責呢？每個人都有一大家子的人等著照顧，一大堆家務事要處理，他們趕著做完工作回家也是無可厚非的。

當我們面對新進來的同事時，看見他們粗枝大葉就感到不舒服，工作起來速度慢、品質低，怎麼講都不會，好不容易做出來了還是錯的，這讓我們大為光火。這個時候，我們就要問問自己，當初我們剛進公司時是不是也是這樣找不著頭緒，適應了很久；我們是不是也希望得到前輩的鼓勵和指點；新環境的人和事是不是讓他們感到陌生和無所適從；我們渾身是不是也有一股不知道該往何處去的激情。

當我們新進職場時，總覺得前輩有些看不起新員工，有意無意地排擠我們，什麼雜事都讓我們做。這個時候，我們不妨想想，作為前輩他們希望得到我們的尊重、希望自己有個勤快的同事使工作有效率、順利地進行下去。他們的節奏快，希望有一個與自己匹配的人與他們配合，他們也是從打雜做起的。

拋開自己特定的立場，經常換位思考，我們內心的不滿或怨氣就會減少很多，與人發生不快或爭執的機率就會大大降低，我們職場人際交往的品質也會大大提高。

值得說明的是，有些人對某些同事或上司已經形成了偏見，所以在與人相處中習慣用偏見看人，不能及時根據對方所處的環境來做換位思考，因而很難做到體諒對方。這個時候，就需要我們更多地體會別人的難處，把自己當成對方，看看自己在對方所面臨的境遇下會做怎樣反應。

原則三十二　摒棄猜疑多信任

疑心生暗鬼，猜疑也是我們對人、對事時需要捨棄的。猜疑很容易把友善曲解為別有用心，把好心想像成歹意，把閒談猜想成指桑罵槐……總之，事情的本來面目會在多心的猜疑之下變得面目可憎。一個人一旦掉進猜疑的陷阱，就會捕風捉影，對他人失去信任，對周圍環境缺乏安全感，對同事、上司甚至親朋好友帶有敵意，經常處在焦慮、慌張和悶悶不樂中。所以說，不僅會破壞人際關係，還會使自己心力交瘁。我們只有捨棄多疑，才能使自己心靈輕鬆，人際關係和諧。

上司多疑，不會對下屬放權，容易束縛住下屬的手腳，降低下屬的執行速度和執行力。另外，下屬也會因為得不到上司的信任而心灰意冷，敷衍工作，客觀上降低了工作效率。更有甚者，因為懼怕下屬會超越自己而對下屬進行壓制，下屬做了一些比較突出又積極的事情，他就以為下屬要撼動他的主管地位，進而採取壓制手段阻礙下屬工作。

這樣的人已經脫離了客觀事實，憑著自己主觀的臆測誇大、扭曲了他人的用意，結果導致人際關係複雜化，嚴重影響公司秩序管理。

同事之間的猜疑容易無事生非，互相勾心鬥角，彼此不配合工作。在這樣的環境裡工作，必然心情壓抑，工作效率下降。

所以，無論上司還是職員都要摒棄猜忌，多給別人一些信任。只有這樣，我們才能釋放自己的心靈，讓自己快樂起來，同時促進團體集結，提高自己的工作效率和團隊戰鬥力。

薛老闆已經是第三次看見小麗和阿誠在一起竊竊私語了，他們邊說話還邊往他這邊看，一定是在說自己的壞話，薛老闆心理很不舒服。

小麗半年前因為出差補助的事，當著眾人的面與他理論，這讓他很沒面子，此後兩個人便有了芥蒂，有時見面連招呼都不打。薛老闆知道自己在這件事上確實理虧，加上小麗的業績確實不錯，所以他拿她也沒辦法。誰知，最近的小麗越來越得寸進尺，根本不把他這個上司放在眼裡，聽說她還在背後說了他很多壞話。

阿誠是一個月前新來的業務員，不知道為什麼，他和小麗一見如故，相談甚歡。薛老闆看到兩個人總湊在一起感覺很不舒服，總覺得小麗會在新同事面前說自己的壞話。

有一次，他看見小麗向自己的辦公室指指點點，而阿誠還往這邊掃了一眼，薛老闆就更覺得小麗是在拉攏新人和他作對。

薛老闆越想越覺得不對勁，於是決定找阿誠好好談談。他對阿誠說：「阿誠，作為你的上司，我想我有責任提醒你注意一下自己的言行，不要被別有用心的人利用，更不要拉幫結派搞小團體。」阿誠聽著老闆說得高深莫測，他不明白薛老闆為什麼要對自己說這些奇怪的話，他與幾個同事走的近，也不代表拉幫結派啊！

阿誠想了半天，才對薛老闆說：「老闆，您能說得簡單一些嗎？我不太懂！」薛老闆看了看阿誠說：「你看我們這個部門有二十多個人，你要努力和大家都搞好關係，而不是單獨和某個人走得很近，其餘的我就不多說了，你自己回去好好想想！」

阿誠回到座位上思來想去也沒想出門道，他就去問小麗薛老闆的意思，小麗是職場老鳥了，一聽就知道薛老闆指什麼，她對阿誠說：「可能是我們走得太近惹薛老闆不高興了，或許他懷疑我拉幫結派。」

「不會吧？他疑心病也太重了，我們什麼時候說過他壞話啊？什麼時候又要對付他了？真是好笑！」

從此，阿誠和小麗倒是不怎麼在公司來往了，但薛老闆小家子氣的名聲卻被傳來了，大家都覺得這個主管胸襟太狹窄，於是，處處提防著他。這個公司越來越沒生氣了。

猜疑對人際關係有很強的破壞力，如果薛老闆不是因為多疑，也不會引起小麗、阿誠等一群同事的不滿和質疑，也就不會破壞自己在下屬心中的形象，使得下屬對他「畏」而遠之。如果薛老闆能夠摒棄猜疑心理，給小麗和阿誠多一些信任，那麼，他就不會因為別人閒談而緊張、焦慮，進而做出有損主管形象的事情，也不會因此受到下屬的提防，影響集體戰鬥力。

不管我們對人還是對事都要多一些信任，信任自己的上司，他批評我們是為了更好地工作，而不是看我們不順眼；信任我們的同事，他們不幫助我們一定有他們的難處，他們閒聊不一定和我們有關；信任我們的屬下，他們有能力、有頭腦做好手頭的工作、處理好職場上的人際關係……這些信任能幫助我們贏得他人的信任和尊重，也能激勵起其他人為我們做出他們力所能及的事情。

總之，對人對事拋棄一些疑心，多一份信任不僅不會讓我們吃虧，反而會使我們得到益處。當然，適當的懷疑是有必要的，但不能猜疑心過重，忽略事情的客觀性，使事情複雜化。

原則三十三　不誠信會使人不再信賴你

誠信是一個人安身立命的基礎，一個沒有誠信的人，不但得不到大家的信任，就連起碼的尊重也不會得到，試想一下，一個滿口謊言的人，誰敢靠近？一個經常承諾，卻總不兌現的人，誰又敢把他的話當真，把自己的事情交給他辦？一個得到任務卻不努力完成的人，哪個上司會器重？一個對客戶缺乏誠意和信用的人，誰還願意與他合作……總之，誰在職場上缺少了誠信，誰就會被職場所拋棄。

我們時常會遇見這種情況，上班打卡時，卡到了人沒有到；出勤第一的人績效卻不是最高的；海外的學歷背景是杜撰出來的；上司給員工加薪或升遷的承諾始終沒有兌現；員工屢次失職……這些誠信缺失的行為不僅會使自己聲譽受損，還容易引起他人的不滿，破壞公司規矩。

金小姐是公司市場部助理，因為工作出色經常受到上司表揚。月末，她在統計銷售數量時，發現銷售資料與往常反差極大，於是她馬上與業務人員聯絡，要求業務重新統計銷售資料，經業務員核查，銷售資料確實出現疏漏，遷移了一個小數點，也就是說，實際銷售數量比上報來的資料多一位數，這樣，從客戶那裡收回來的帳款就會有缺。

金小姐核實情況後，把資料重新整理交給了上司，上司慶幸發現及時沒有給公司造成重大損失。他高興地對金小姐說：「幹得不錯，這個月的薪資單已經上報上去了，下個月我會多排出一筆獎金給你，算是對你工作認真做出的獎賞！」金小姐心裡高興，工作起來更加細心了。

時間很快到了下個月發薪日，金小姐等著上司給自己獎金，但是等她拿到薪資單時卻發現，根本沒有那筆獎金的蹤影，她便去查銀行帳戶，結果與薪資單上是一樣的結果。金小姐不高興，但又不好意思去找上司問，只好認了。後來，上司又提到過幾次加薪，結果也都沒有實現。漸漸地，金小姐不指望上司主動給自己加薪了，她直接找到上司要求加薪，上司不好意思地說，自己忘了這件事了，這個月就加進來。金小姐只好等，可是左等右等她的薪水還是只有那麼多。

金小姐覺得在這個公司做下去沒前途、沒意思，所以再找到另一份工作後遞交了辭呈。上司這才後悔自己當初不守承諾，致使一個優秀的人才流失了。

其他人知道金小姐的事情後都不太敢相信上司給的承諾，所以工作時也缺乏積極主動，這個部門的工作受到了很大影響，上司因此被罵了好幾次。

金小姐因為屢次遭遇上司「放鴿子」，最終對上司徹底失去了信任，認為自己能力沒有得到重視而辭職。這對她的上司來說是一個不小的損失，第一，他損失了一個優秀的人才；再來，他損失了自己的威信；最後，他還損失了自己的業績，而業績決定著他在公司的命運。另外，他的不守信，也引起了其他下屬的不滿和保留，致使公司應有的工作效率減緩下來。

根據調查，職場中有三分之二的人都被上司「糊弄」過，四成的人表示，上司所承諾的獎金、加薪只是一張畫好的「大餅」，離兌現的日子遙遙無期。這讓這些人很失望，對工作沒有熱情。

作為上司，我們應當謹言慎行，不開空頭支票，不失信於民，否則很難建立起自己在下屬面前的威信，做好管理工作。當然，作為下屬也不可失信於上司，一兩次的失信還可能取得原諒，但總是失信，就會讓上司對失望，不敢重用我們，我們也就永無出頭之日了。

對同事依然要講求誠信，這樣，同事才願意與我們交往和合作。

張先生因為有事要請求和同事孫先生調休，孫先生答應了張先生的請求。誰知，第二天卻下起暴雨來，孫先生撐了雨傘也沒有用，沒走出社區門口就已經被雨水淋透了。他好不容易坐上車，到了公司，結果卻發現張先生坐在公司裡。

孫先生問張先生怎麼來了，張先生說：「今天下暴雨，要做的事情取消了，所以趕到公司來想讓你回去，不輪休了！」孫先生一聽就生氣了，心裡想：搞什麼嘛？你要過來就跟我打個電話啊！我就不過來了。說了調休、又不調休，我把下次休假的活動都安排好了，還要取消，麻煩！張先生這個人還真靠不住！雖然心裡這麼想，但他並沒有說出來，只是想以後少跟這個人來往。

幾個其他部門值班的同事看到孫先生這麼講信用，都很欣賞他，而對張先生不可靠的舉止都很反感。大家再和他辦事時，都留了一個心眼，即使不是覺得他故意不講信用，也覺得這個人辦事不可靠。

在職場中，與同事的關係也很重要，不要輕易失信於同事，否則很容易使同事疏遠我們。張先生就是因為失信於孫先生，使孫先生對他失去了信任，不願意再與他多來往，其他同事也因此對他存了防範之心。

客戶對誠信的要求更高，交貨時間、交貨地點、價格浮動、合約履行等等有一項沒有做好，都會使合作終止，進而影響公司運作。

總之，誠信是做人的根本，捨棄什麼都不能捨棄誠信。

原則三十四　良好的人際關係需要心存寬容

良好的人際關係是一個人立足社會的資本，也是我們職場成功的要素之一，而要擁有良好的人際關係就需要尊重他人、包容他人。

人說「金無足赤、人無完人」，個人的閱歷、知識、能力、水準、性格各不相同，相處久了，難免會有摩擦，這時候如果我們沒有一顆寬容之心，只會排斥別人、譴責別人，憎恨別人。這些消極意念一旦生根發芽就會像草一樣瘋長，到了我們控制不了的時候，我們就會做出傷害別人的事情。被我們傷害的人又反過來報復我們，如此惡性循環，最終導致人際關係破裂到無可修復的地步，甚至會發生不幸的事件。所以，我們在人際交往中要捨棄斤斤計較，多給別人一些理解和寬容。只有這樣，我們才能顯示自己的修為，展現我們的人格魅力，感動或吸引其他人與我們交往，為我們以後取得成就打下基礎。

心存寬容的人，總是知道感恩，因為他知道世界上誰都不欠誰的，別人對他好，他就會因為心存感激而對別人好，所以樂意幫助他的人就不斷增多。

心懷寬容的人容易快樂，因為他不計較小小的得失，心情不容易低落，所以他的快樂比別人多，而我們知道情緒是可以傳染的，他的快樂也會傳染給其他人，其他人就會願意與他往來。誰願意與一個整天唉聲嘆氣的人在一起呢？

心存寬容的人善於發現別人的優點，肯定別人的長處，所以喜歡他、擁護他的人就會很多。

心存寬容的人善解人意，能夠尊重他人、理解他人，所以，願意與他合作的人就會很多。

心存寬容的人所表現出來的修為和人格魅力十分有利於我們建立起良好的人際關係，為我們取得職場的成功做鋪墊。

幾年前，高小姐還是一家大型公司公關部門的職員，現在已經是這家公司的公關部經理了。對於自己的升遷，她頗有心得，其中一個心得就是要學會寬容。

原來，幾年前高小姐曾經接待過一個四十多名法國聯誼公司職員組成的參訪團，在這次任務中，她深刻地體會到寬容的重要性。

按預定計畫這批法國職員要在公司參觀三天，三天裡，參訪團的各項事務、行程都由高小姐一手安排。為了這件事，她打電話給他們公司的辦公室主任，希望主任能幫助她預訂四十多人的住宿房間，沒想到對方竟說：「主管沒有告訴我們這件事，你自己解決吧！」高小姐一聽，這是不合作的意思啊！當時她很生氣，想要找辦公室主任理論，這個任務是公司分配的，現在卻說不知道，這不是把人當笨蛋嗎？高小姐越想越氣，再次撥通了辦公室主任的電話。

就在電話接通的剎那，高小姐突然意識到不能與辦公室理論，或許主管真的忘了把這件事告訴辦公室主任了。他不配合行動，也是因為公司有「不可隨便使用公司資源，如有必要，需經過審核」的規定。再說，或許這也是主管考驗自己能力的方法。

於是，高小姐一個人承擔了所有關於參訪團的工作，從參觀單位的聯絡，到各方政府的協調，從參訪團的住宿到他們的飲食菜餚，事無鉅細一一打理，終於出色完成了任務。

辦公室主任知道事情的始末後，打電話給高小姐，向她表示歉意，高小姐笑著說：「你也是遵照公司規定辦事，我的確也沒有出示手續給你，這不能怪你。」辦公室主任對她好感頓生，之後向高小姐的上司說了不少好話。高小姐的主管對高小姐的工作也很滿意，尤其對她寬以待人的態度深感欣慰，此後，他給了她不少對外聯絡的任務。每一次，高小姐都出色完成了。

在高小姐看來，站在別人的角度考慮問題，寬容別人的無理，也會得到意外的收穫。所以，她在以後的工作中，經常以一顆寬容之心待人，結果得到了上司和同事以及客戶的一致好評，她成了活動協調和安排的專家。

高小姐因為心懷寬容，得到了辦公室主任和上司的欣賞和其中，也贏得了同事和客戶的好評，最終成為出色的公關經理。學會寬容，才能建立起良好的人際關係，為自己以後成大器鋪路。

「寬容」是大家形容一個好上司、好同事心胸開闊的代名詞，雖然很多人都能認識到寬容的重要性，但做起來往往很難。那麼，我們就介紹兩種小方法來幫助大家練習寬容。

第一，角色轉變法。就是將自己所處的位置與對方的位置對調，看看自己在別人的位置上會做出怎樣的舉動，如果我們也會做出對方的舉動，那麼我們就很容易了解別人。

第二，對於有疑問的問題要交流。有時候我們實在想不出對方為什麼會做出自己不能接受的行為，就要與對方交流。唯有這樣，才能了解對方的想法，明白對方做出不當行為的原因。如果這個理由我們能夠接受，那麼我們自然不會再計較、生氣。

原則三十五　改掉壞習慣，才有好的收益

班傑明．富蘭克林（BenjaminFranklin）說：「一個人一旦養成了好習慣，那麼它將帶給你巨大的、超出想像的收益。」一個熱愛讀書的人，多數情況下都會取得好成績；一個對朋友講信用、豁達大度的人，多半會贏得朋友的信賴，結交到更多的朋友；一個保持高效率工作的人，業績也會保持在較高的水準……總之，好的習慣一定會為我們帶來好的收益，而好習慣的養成是需要我們付出努力的。

在某種情況下，我們每次都作出某種行為，導致自己以後做起這種行為來很容易，這就養成了習慣。這些習慣有好也有壞，好習慣能給我們帶來好收益，我們要保持；而壞習慣會破壞我們的工作和生活，我們要努力改變它，不讓它成為我們前進的阻礙。改變壞習慣，就意味著捨棄壞習慣，以好的習慣取而代之。

職場上常見的壞習慣有，辦事拖拉、準備不足、半途而廢、屢教不改、耍脾氣、說

是非等等，這些習慣不是使自己工作效率低下，影響公司整體運作，就是破壞人際關係，影響同事間的團結協作。由壞習慣引發的壞後果直接影響到我們在上司心中的形象，同事心中的地位，因而也影響著我們的職場命運。只有改掉這些壞習慣，我們才可能有好的收益。

李小姐不知道從什麼時候起，養成了在辦公室裡吃零食的習慣，剛開始還只是拿一個蘋果或香蕉來慢慢地吃，後來竟然發展到吃洋芋片、米香等膨化食品的地步。當同事們全神貫注於工作時，忽然就會有一陣喀擦喀擦的聲響傳來，同事們就會放下手中的工作抬頭看看她。李小姐見大家都望著她，才不好意思地把零食放在一邊。但是過不了多久，李小姐便又開始喀擦喀擦地咀嚼起來。有的同事很生氣，便走到李小姐面前對她說：「我們在工作，你吃東西小聲一點！」李小姐看著同事，也不回話，只把裝零食的袋子放在一邊。同事走後不久，她又隔一段時間吃一塊，如此反覆。

同事們看直接溝通沒有用，就找上司告她的狀了。上司覺得這件事太小了，也沒怎麼管，隨便叫進來說了兩句，希望她克制一下自己。誰知，李小姐剛出上司辦公室裡出來又開零食來吃了。

有個同事實在看不下去了，跑到李小姐面前對她說：「妳怎麼這麼自私啊！工作不做就算了，總得讓別人有個安靜的地方做事吧？就那麼忍不住嗎？」李小姐一聽也生氣了，在這麼多人面前，怎麼可以這樣當面指責我呢？她心頭火起，便對同事咆哮：「我怎麼妨礙你了？又沒有吃你家的東西，也不是你花錢買的。我在自己的位置上吃，聲音哪能傳到你那裡去？一點芝麻綠豆大的事，還要主管來跟我講，虧你們想得出來！」對方一聽更生氣了，便和她理論起來。

上司知道後，覺得不管李小姐是不行了，於是叫她進辦公室狠狠地訓了她一頓。這次上司沒有蜻蜓點水一帶而過，而是把她的零食沒收，並對她說：「妳吃零食已經嚴重影響到其他同事的工作了，真的有那麼餓嗎？如果總是那麼餓，乾脆回家吃個痛快算了！你考慮一下是回家吃零食，還是在辦公室工作。」

李小姐這下急了，誰願意因為一包零食放棄工作啊！她答應上司改掉這個壞習慣。她強迫自己不再帶零食上班，每當她想吃的時候，就跑去喝水，剛開始很辛苦，但想到工作她還是堅持了下去，她喝水的次數漸漸減少，工作效率也高了起來，同事也不像之前那樣對她怒目而視了，她第一次感覺到一個壞習慣給自己帶來的害處，在以後的工作中，她開始注意自己的壞習慣，並努力改正過來。

李小姐因為工作時間吃零食的習慣，被同事和上司反覆抗議，甚至上司還發出了嚴厲的警告制止她在辦公室吃零食。可見，她在辦公室裡的形象已經被她自己破壞殆盡了。事情之所以發展到這一步，也是她屢教不改的後果，同事、上司多次勸告、批評她，她依舊我行我素，結果搞得同事們怨聲載道，上司不得不用辭退發出警告。而改掉壞習慣的李小姐不僅工作效率得到了提升，連人際關係也得到了很大的改善。

每個人都會有一些不好的習慣，雖然這些習慣不同，但所產生的效果卻都具有消極性甚至是破壞性，所以我們要改變這些習慣。那麼，我們要怎樣改變這些壞習慣，養成好習慣呢？答案是付出，付出心力克制自己不去做某種容易引起不良後果的行為。

首先，我們需要改變壞習慣的動力。這個動力最好來自恐懼，就是自己給自己施壓使自己有緊迫感，恐懼我們可預期的，壞習慣給自己帶來的後果。如果我們時時提醒自己，我的某種行為會給自己造成不利的影響，那麼我們就會改變這種行為方式。

其次，我們需要堅持。有時候我們要改變習慣是很痛苦的，它需要恆心和忍耐，就像吸菸的人戒菸一樣。只有靠著頑強的毅力克制住自己做某種行為的衝動和欲望，才能漸漸改變這種壞習慣。

捨棄壞習慣，養成好習慣是我們取得好收益的條件，我們應該努力改變壞習慣。

原則三十六　對職場升遷不要帶情緒

每個人都會碰到不順心的事，情緒上來排山倒海，關鍵時刻能不能控制住它，不讓它噴薄而出是一件既考驗我們情商，又影響到我們人際關係能否和諧的事。控制某種消極情緒是一種捨，捨棄一些破壞事情向好的方向轉變的震怒、憤恨、委屈等情緒，讓頭腦冷靜下來仔細思考應對的辦法。

能夠控制住自己的消極情緒，一方面有助於我們理清思路，找到解決問題的方式，一方面能夠和諧我們的人際關係，讓我們不至於做出令自己後悔的行為。在職場上，我們最常接觸的人除了同事、客戶，就是上司，而與上司的相處直接影響我們的升遷之路。所以，我們在處理與上司的關係時，要格外注意情緒的控制。

當上司因為不了解情況嚴厲地批評我們工作不理想時；當我們與資質、業績差不多的同事競爭同一職位，上司選別人不選我們時；當上司因為心情不好遷怒於我們時；當上司做錯了決策，卻把責任歸咎給我們時……我們內心難免產生不滿、怨氣和委屈，這個時候如果我們不對自己的情緒進行控制，那麼我們就很容易做出一些衝動的事情，破壞我們與上司的關係，進而影響到自己的晉升之路。

蔣小姐是一家大型企業的高級職員，她的工作能力有目共睹，無論是業務能力、學習能力還是表現力都沒話說，這一點上司也給予了充分的肯定。只是有一點，蔣小姐為人較為情緒化，經常因為一些小事與同事鬧不愉快，因而她的人緣不是很好。

不久前，公司提拔了一個無論在資歷、能力，還是在業績上都不如她的女同事做主管。蔣小姐很生氣，平日裡上司就對這個女同事青眼有加，什麼加薪、升遷、外派出國等好機會都想著她，好事都讓她給占了。眼看著不如自己的同事，一年內被破格提拔了兩次，而業績明明高她一籌的自己卻被丟棄在一邊，蔣小姐實在吞不下這口氣，於是跑到辦公室與上司理論。

「總經理，我哪裡不如林小姐，為什麼是她升官，不是我？我比她在部門的工作時間長，比她業績好，也比她勤快，為什麼升主管的不是我而是她？」面對蔣小姐的質問，總經理瞠目結舌，沉默幾秒鐘後，總經理對蔣小姐說：「小姐，妳這麼情緒化，我怎麼放心把企劃部門的工作交給你負責呢？遇到事情不能控制情緒，動不動就發脾氣，怎麼跟外界交流？」蔣小姐聽了更加生氣，她頂撞道：「那林小姐就可以嗎？她不情緒化，是因為她都沒碰到不公平的事！」總經理實在聽不下去了，說道：「這是公司的決定，已成定局不能更改，以後妳有什麼想法要早說，現在就算了吧！」蔣小姐聽了甩門而去，留下氣哄哄的上司乾瞪眼睛。

此後，蔣小姐更受冷落，同事們不敢輕易和她說話，上司更是當她是空氣，只有必要的時候才勉為其難和她交談。蔣小姐憋得滿肚子火，她怎麼也想不通，自己工作做了一大堆，上司指派的任務也以高標準完成，最後卻是吃力不討好，上司實在太偏心了。

不久，蔣小姐因為忍受不了這樣的工作環境辭職了。

蔣小姐因為不滿意上司提拔不如自己的林小姐而與上司發生爭執，結果導致上司越來越冷落自己，同事不敢接近自己，最後只能以辭職收場。如果當時她能夠控制一下自己的情緒，冷靜下來想想自己的不足，那麼她就不會這麼衝動地找上司理論，也就不會出現後面所發生的狀況了。

在職場上，我們也會像蔣小姐一樣遇到一時想不通、感覺不公平的事情。這個時候我們不要著急，先分析我們自身的不足，再看看有沒有補救的方法，如果沒有就要克制住自己怒氣，調節好自己的心態，把怒氣化為力氣去工作，你做出了成績，一次不被看好，兩次不被選中，到第三次時也會被注意。所以，我們與其生氣不如爭氣，用絕對的優勢來證明自己的能力，爭取加薪升遷。

處理好與上司的關係是一件說困難也困難，說容易也容易的事。因為個人的喜好和角度不同，所以每個人在與他人相處時，都或多或少帶有傾向。上司也是人，他也有偏好，他不只喜愛業績好的人，同樣也喜歡會做人的人；上司站的立場不同，考慮的事情自然要比我們多，他不只要看人表現，還要聽大部分人對各個部下的反映……所以，我們在緊抓業績的同時，不能忽略對自己情緒的管理，盡量避免與同事和上司發生衝突，減少自己給別人的負面印象。只有這樣，我們才有機會進一步爭取自己想要的東西。

有的上司性格比較急，工作達不到標準他會不留情面地呵斥我們；有的上司性格比較保守，我們請求他給我們指示時，他們不能及時給我們意見；有的上司常常改變主意，昨天叫我們那樣做，今天卻推翻了昨天的方案讓我們重新來過；有的上司總懷疑下屬偷懶，每隔一小時或幾分鐘就問問工作進度……遇到這種情況，我們難免會急躁，甚至會氣憤，這個時候我們就要提醒自己，冷靜下來不要發火，不要抱怨，就算不滿意也要克制自己的情緒，因為我們的目的不是要讓上司屈服或認錯，而是要及時解決工作中的問題。如果我們因為一時的衝動而與上司發生爭執，那麼不僅不利於工作順利進行，反而讓我們與上司彼此間越來越反感，最終阻礙我們的升遷之路。

原則三十七　得意的時候不忘形

人們在取得一些成績的時候難免會高興，會得意。有的人得意在心裡，態度謙和，行為收斂；而有的人則喜形於色，驕傲自滿，不把他人放在眼裡。通常情況下，得意忘形的人會招致不必要的反感，而得意守形的人會受到更多的尊重和歡迎。

得意忘形的人不僅會給他人留下膚淺、不可一世的印象，還會給別人帶來傷害，從而破壞人際關係，阻礙自己自己職業發展。另外，一般得意的人只有驕傲自滿才會「忘形」，而驕傲自滿最容易使人停滯不前。不管怎麼說，得意忘形最終傷害的都是我們自己。

姚小姐進入公司時，是當時公司內學歷最高的人。上司很器重她，經常派給她較重的任務要她完成，她每次都完成得很優秀。漸漸地，她在上司和同事眼裡的地位越來越高，上司還打算把她當成自己的接班人來培養。

姚小姐看到上司和同事們都對她禮遇有加，內心的成就感便膨脹起來，上司把工作交給她的時候，她認為沒有挑戰性或沒有多大意義的便推掉；上司叫她開會，她覺得麻煩，開來開去還不是那幾句！於是，藉口約見客戶溜出去；上司辦公室來了客人，上司讓她倒杯水來，她卻叫其他同事倒了送進去……上司覺得姚小姐越來越不好管理了，於是想找機會壓壓她的氣焰。

同事們也覺得姚小姐有點過分，以前請她幫忙時，她會很熱心地伸出援手，現在別說叫她幫忙，就算只是請她配合一下自己的工作都要滿臉堆笑，說不少好話才行。有一次，同事請她幫忙看看報表，她竟然指著報表上的數字說：「這都不會嗎？大學怎麼畢業的？大學學不好就算了，上班也一兩年了，還沒學會？」同事看她一臉不屑的樣子，氣憤地扯過報表走了。

類似的事情發生過幾次以後，同事們開始疏遠她，不願意再與她接觸。

這天，姚小姐因為一件小事與同事吵了起來，上司看到後把姚小姐狠狠教訓了一頓，說她得意忘形，都不知道自己是誰了，希望她回去好好檢討。姚小姐心想，反正我手裡有一批大客戶，你能把我怎麼樣？於是與上司理論起來，結果把上司氣得七竅生煙，沒過多久就找人接替了她的工作。

姚小姐因為得意忘形破壞了原來與上司、同事間的和諧關係，使得自己身邊沒人可依賴，最後只能以離職收場。她的驕傲自滿，在傷害了上司和同事感情的同時，也使自己受到了傷害。如果她在得意時能收斂一下自己的氣焰和行為，那麼，她升遷加薪的願望很快就能實現，現在我們只能說，是她自己害了自己。

在職場上我們經常會碰到這樣的人，他們取得一點點成績後就在上司面前擺架子，在同事面前耍威風，上司交代的事情要看自己願不願意或對自己有沒有利才去做，還有的覺得上司交代的事情是小事一樁，殺雞焉用他這把宰牛刀！於是推給別人去做。在同事面前就更是不得了，一副沒他開不了飯的模樣，同事請教他問題，他愛理不理，彷彿誰都沒有他智商高；同時請他配合工作還要看他心情好壞……總之，不管是上司還是同事，他都不放在眼裡。久而久之，上司開始對這種人冷淡，公司花錢請人是為了做事，不是請人回來挑三揀四；同事也開始疏遠他，不是只有你會做，別人也會做，你憑什麼對我們頤指氣使，冷嘲熱諷的？我們如果有你的經驗，我們會做得比你還好！

如此一來，得意忘形的人便受到上下夾擊，難以在職場立足了。所以，我們即使得意也不要在人前顯露出來，這樣不但不能抬高我們自己的地位，反而會使我們的形象大打折扣。那些被我們態度所傷害的人，即使不報復我們也會疏遠我們，即使不疏遠我們也會防範我們。如果我們有一天遭遇職業瓶頸，他們即使不會冷嘲熱諷，也會袖手旁觀，因為我們以什麼樣的方式對待別人，別人就以什麼樣的方式對待我們。

還有一點更為重要，那就是驕傲自滿容易使我們停止前進的腳步、忽略工作細部的問題，最終導致無法勝任更有挑戰性的工作或造成工作失誤，這些都是忘形的後果。

得意忘形是因為驕傲自滿造成的，自滿就是自我滿足，自己覺得自己了不起，所以他不會對問題進行深入的探索和研究，不會有不斷提高自己能力的意識，因而他得到結果就是被越來越多的後浪拍死在沙灘之上。

自滿，還會讓我們忽略工作中的細節，認為自己絕對有把握做好這件事，結果卻因為某個關鍵沒注意到而功虧一簣。

所以，我們在得意時刻絕對不能忘形。那麼，要怎樣做到得意不忘形呢？最重要的一點就是，要記住自己的最終目標，記得自己的位置和角色。只有記得自己的長遠目標，我們才不會被一時的勝利沖昏頭，才會意識到我們只是離自己的終極目標更近一步，未來還有很長的路要走；只有明白自己的位置和角色，才會知道自己最需要做的是什麼。

得意時刻摒棄忘形，才能使我們走得更遠。

原則三十八　急功近利不如腳踏實地

當年，孔子的弟子子夏向孔子請教政事的時候，孔子對他說：「無欲速，無見小利。欲速則不達，見小利則大事不成。」意思就是，做事不能圖快，不能只看到眼前的小利益，圖快就容易出紕漏，達不到預期的目的；而貪圖小利就會導致做不成大事。

孔子的這一智慧有著深刻的意義，急功近利容易讓我們失去耐性，在時機不成熟之時做出錯誤的決定，也會使我們不顧長遠利益，做出一些令自己後悔的行為，有的人甚至為達到目的不擇手段，最終以悲劇收場。如果我們不捨急功之心，只會離自己的目的越來越遠，因爲急功是以犧牲長遠利益為代價的，這種短暫的成功會使我們在未來面對更多難以解決的問題，當急功留下的「後遺症」使我們積重難返時，我們恐怕連翻身的機會都沒有。

在職場上，每個人都希望盡快升遷加薪；盡快得到上司的認可和賞識；盡快贏得人們的尊重和愛戴，盡快達成交易，盡快……但是，我們所希望的「盡快」要一步步地來，腳踏實地走，不能走捷徑，因為捷徑路上更多荊棘，稍不注意就會遍體鱗傷，我們在受傷的同時，將大大減緩我們達到目的地的速度。

百合進公司一段時間了，看著和自己一起進來的人走的走，升遷的升遷，她心裡不免有點著急，這樣做下去什麼時候才是盡頭？難道要在這個位置上做一輩子嗎？工作經驗也有、工作能力也具備，學歷資格也夠，怎麼就遇到停滯了呢？不行，得想想辦法讓自己上位才行，打定注意的百合開始尋求機會。

百合的主管是位男性，平時下班喜歡在辦公室裡磨蹭一下，觀察員工也好，玩玩遊戲也罷，總之很少下班就立刻回家。百合覺得這是個接觸老闆的好機會，於是她開始每天晚下班，有時故意拖到老闆走後她才走。加班幾次後，老闆開始注意到這個員工，偶爾會過來和她閒聊兩句，百合不失時機恭維老闆一番，讓老闆樂得合不攏嘴。

漸漸地，百合和老闆混熟了，下班後她總是為老闆倒杯茶，閒聊家常、說說笑話。這天，百合知道公司裡一個主管要走，這個職位將出現空缺，於是百合在下班後請老闆去吃飯，希望在飯桌上搞定這件事。老闆和百合已經熟絡，沒多想就和百合去吃飯了。

在飯桌上，百合對老闆問起部門主管調離的事，上司忽然明白百合的心思了，他對百合說：「你別著急，按照你的資歷應該沒問題的，我們是按照投票的方式的選主管的，你把申請書交上來，我們再研究。」百合知道這樣的話算不上答應，但是老闆把話說到這個程度，她也不好說什麼，只好就此打住。

不知道為什麼，第二天百合和老闆吃飯的事就被傳開了，大家都說百合與老闆過從甚密，老闆會給她特別關照，那個主管的位子很可能讓她坐。老闆聽到大家的議論後有些為難，按照資歷來說，百合是可以做主管的，但能勝任主管的也不只她一個，她與自己走得近，如果選了她，一定難以服眾。所以，老闆對主管這一職位一直懸而未決。

讓百合大吃一驚的是，公司竟然謠傳百合與老闆有曖昧、兩人經常出去吃飯，百合心都涼了，吃飯就只有一次啊！還是為了主管的職位。結果，老闆見到百合都不敢多說話了，下了班也趕快回家。

沒過多久，老闆選了百合的另一個同事做了主管，百合覺得很難在公司有突破，只好辭職另謀高就了。

急功近利的心態容易促使人採用不正當或不恰當的手段來達到目的，而這些不正當或不恰當的手段造成的結果往往是適得其反，造成對自己的傷害。百合本以為可以藉助她和老闆的關係達到升遷的目的，結果卻因為與老闆走得近而備受爭議，老闆也不得不放棄有資格當主管的她，另外選別人當主管。如果百合肯腳踏實地走路，不做那麼多小動作，那麼，她很可能已經成為主管了。做了這麼多，卻落了個走人的下場，百合心中一定追悔莫及。

身在職場急功近利絕不是好事。急功近利很容易給自己造成壓力，如果我們是上司，我們就會將自己的壓力轉移到下屬身上，苛求下屬提高工作效率，有時甚至不近人情，這樣一來，必然導致下屬對我們不滿、對工作失去熱情，最終造成我們管理上的困難；如果我們是職員，急功近利會使我們追求我們暫時沒有能力完成的任務或職務，或者在條件還不成熟的情況下，用旁門左道的功夫去尋求機會，這樣做的後果只能使自己陷入更困難的境地。

急功近利無益，只有腳踏實地工作，用自己業績一點一點地證明自己的能力，才能得到大家的認可和尊重，才能達到自己追求高薪水、高職位的目的。捨棄一些急功近利，多一些腳踏實地，將使我們未來的路越走越寬，越走越長。

原則三十九　推功攬過更容易創造奇蹟

人們說，成功者最大的成功就是他們懂得「捨得」的道理。「捨得」幾乎囊括了人生所有的真知妙理，我們一旦把握好了捨與得的尺度，也就掌握了人生成功的關鍵點。如果我們想在職場上取得成功，就要進入捨與得的境界，掌握捨與得的尺度與分寸。

一個出色的領導者一定是一個具有捨得智慧的人，他們知道什麼事情要捨，什麼事情要得，也知道只有先捨，才能後得，這一點充分表現在他們的推功攬過的手法上。

推功就是捨，捨棄功勞、榮譽；攬過，更是一種捨，它要求攬過者要承擔相應的責任，這責任可能會導致我們的經濟損失，也可能會導致我們失去顏面。不管是推功還是攬過，都需要我們捨棄一些東西。但是，作為管理者，這種捨棄往往會給我們帶來更大的回報。

《菜根譚》說：「完名美節，不宜獨任，分些與人，可以遠害全身；辱行汙名，不宜全推，引些歸己，可以韜光養德。」意思就是，好的名聲和榮譽不要一個人獨占，應該與別人一同分享，這樣才不會招來嫉恨，被人算計；不好的名聲和錯誤不要全推給他人，自己也要承擔幾分，這樣才可以保全功名、獲得美德！推功攬過的人往往能夠得到更好的名譽和聲威。因此，他們更容易聚攏人才，更容易創造職場奇蹟。

一個好大喜功，功勞獨占，過失全推的人很容易失去下屬的尊重和信任，最終導致眾叛親離。

老江是建築公司的部門經理，他這個人有個毛病，喜歡搶占下屬的功勞，大家對他這個問題一直以來相當反感，只是大家之前沒有因為他占有別人的功勞而發生重大損失，所以沒人向他計較。

這一次，上司分配了一個任務下來，要大家在半年內完成。老江做事是沒話說，乾淨俐落，執行力強。不到半年，他便帶領手下完成了這個任務。上級過來檢查工作，老江一坐下就誇誇其談起來：「你看這專案的設計，都是我帶著下屬不眠不休做出來的。開始做專案的時候，我三不五時就往工地上跑，為此沒少跟工頭吵架，還不只這樣，我還要自掏腰包請那些工人們吃飯，讓他們好好做事！這個任務下來，我是既出汗又出血呀！」

上司聽完老江這樣說皺了皺眉頭說：「你放心吧，你的功勞我們都知道，我們會給你補回來的。」接著又象徵性地表揚了老江一番。老江似乎不是很滿意，於是又說道：「這個專案難度不低，一般人沒辦法做啦！」上司看了他一眼，有些不滿地說：「江經理，你做得很好，以後公司還要你多出力啊！」老江這才滿意地點點頭，笑嘻嘻地說：「一定，一定！」

老江的下屬聽上司一股腦自吹自擂，對於他們卻隻字未提，心裡很不是滋味。他們覺得，老江是個自私而陰險的人，一心就為自己，根本不管下屬的死活，到頭來，功勞卻全讓他一個人占了，誰的份都沒有。於是，他們向老江的上司提起有一批木料出了問題的事情：「是啊！這個專案都是江經理的功勞，比如說前陣子那批木料！因為品質不好，工程已經到一半了，客戶要全部更換，結果江經理辛辛苦苦跑了半個月才張羅齊全，真不容易啊！」

上司一聽來了精神：「那麼說，我們是浪費成本了啊！江經理你可沒說啊！」老江傻眼了，他沒想到下屬會提到這個，於是急急忙忙地對上司說：「都是小劉沒好好把關，害得我多跑半個月，還浪費了公司成本！」上司哼了一聲，不發一語走了。

這件事把老江的下屬給惹怒了，他們開始不配合老江的工作，老江要他們做的他們便不做，不讓他們做的，他們卻異常熱衷。老江感到處境艱難，就正在這個時機，上司開始對他進行考核，上司給出的理由是，他收到檢舉信，信裡揭發他濫用職權，爭功諉過，不適合做領導者。老江叫苦不迭。

老江因為搶占別人的功勞致使上司不滿，下屬憤怒，結果弄得自己深陷困局，眾叛親離。如果他能在上司褒獎之時，將功勞分給大家，在上司責問之時，將過錯承擔下來，那麼，不僅上司不會責怪，還會贏得下屬尊敬與愛戴。因為，上司要看的是結果，只要成本在可控的範圍內，他就不會過多地追問中間的曲折；下屬也會因為上司把功勞讓給大家而充滿感激之情。聰明的管理者一定是個肯推功攬過的人。

每個上司都喜歡給自己臺階下的下屬，同樣的，每個下屬也都喜歡為自己搭臺階的上司。如果上司能夠將功勞分享給他們，那麼，他們會很樂意為上司效力，因為他們知道自己的付出不會被奪走，更不會被埋沒；如果上司能夠將下屬的過錯分擔一些，那麼，他們會因為歉疚和感激而更加賣力地工作。

總之，推功攬過是管理者一個行之有效的管理手法，只是它的應用需要管理者掌握捨得的真諦。

原則四十　走出角落，爭取加薪升遷

人們的個性是不同的，但相同的是，我們都希望自己生活得好一些，薪水多一些、職位高一些。而要得到這些，我們就要捨棄被人遺忘的角落，走到舞臺上來。

相信每個公司都會有一些人，他們上班時坐在自己的方寸之地沉默不語、下了班一溜煙似地跑出公司；開會時坐在角落裡不聲不響，開會後與人議論不停；別人不做的他們也不做，別人去做的他們幫著做。久而久之，上司除了記得這個人是自己的屬下、主要負責哪方面的工作外，對這個人便一無所知了，這個人就彷彿待在被遺忘的角落。當公司有新任務時，當職位出現空缺時，當上司需要建議時，這個角落是無人問津的。

很多人都不甘心陷入被人遺忘的角落，但是人們常常忘記，造成我們這種處境的不是別人，正是我們自己。在初到一家公司時，為了避免受到排斥、迅速融入到新團體中，我們常常學著前輩的樣子說話、做事，不願意過多表露自己的想法，有什麼任務也很自然地推給前輩，這樣一來，我們在融入團體的同時也被上司和同事遺忘了。因為我們沒有什麼特別的地方讓他們看見，他們不了解我們有什麼才能和見解。

也有這樣一些人，初到公司時滿懷熱情，什麼事都搶著做，但隨著時間的推移，他們的熱情漸漸淡化，工作起來沒有精神，也學著別人的樣子工作能拖就拖；不是自己工作範圍內的事絕不插手；下了班前五分鐘就收拾好了東西準備回家；開會時誰愛說什麼就說什麼，彷彿與自己無關……總之，他們不會再主動做什麼事，成了典型的「職場老油條」。久而久之，上司失望了、同事不願意找他分擔工作了、他們自己也真的清閒了起來。

其實，我們絕對還能有另外一種選擇，那就是走出那個被遺忘的角落，爭取加薪升遷。尤其是那些剛到一家公司工作的人，完全可以透過別種方式融入團體，而不是盲目地跟隨他人的做法，使自己失去讓上司和同事記住的機會。

某知名飯店新來的工作人員馬先生與飯店資深員工一起送客人到機場，在候機大廳裡，大家聽到了飛機誤點的通知。原來，日本大阪機場的上空有霧，當天開往大阪的航班要延遲起飛。與馬先生同來的飯店員工都回去覆命了，馬先生卻遲遲不動，他總覺得有些事可以做。於是，他詢問了一下飛機從當地飛往大阪所需要的時間，得到的回答的是三小時，而當時大阪機場下午三點半就關閉了，以現在的時間推算，飛機在下午三點前趕到大阪是不可能的。

馬先生想到這裡便打電話給他的上司，向上司報告了這個情況，建議上司做好接待準備。打完電話後，馬先生來到機場值班室，果然，這趟飛往大阪的航班取消了，航班負責人正滿頭大汗替滯留下來的九十九名顧客向飯店預定房間。

馬先生立刻向負責人做了自我介紹，希望對方把滯留下來的客人安排到自己的飯店去。負責人拿過馬先生給的報價單，發現這個飯店的價格比別家來得貴，但是出乎意料的是，他們最終還是選擇了這家飯店，因為倉促之間沒有哪一家飯店可以安排得下九十九名客人，只有馬先生所在的飯店做了這個準備。為此，這家飯店整整多得了近百萬元的利潤。

馬先生的上司樂得開花，連連稱讚馬先生心思靈活、辦事穩妥，和他一起去的老員工真後悔為什麼自己就不多想想。這件事過後，上司對馬先生很關照，一有任務就派他去，因為表現出色他很快被提拔為客服部的主管，而其他資深員工卻依然默默無聞地工作著。

馬先生在送客人到機場後沒有像其他員工那樣急於回飯店交差，而是動腦筋想問題，向上司報告了現場的情況，提出了自己的建議，最終贏得了這批客人。他在為飯店帶來近百萬元利潤的同時，也讓上司記住了自己，這為他後來的升遷打好了基礎。

馬先生之所以沒有陷入被人遺忘的角落就是因為他不盲從別人的做法，而是積極主動地為公司尋找客戶，進而突顯了自己的能力，使自己走到了舞臺上。

在我們周圍並不缺乏讓上司認識、記住自己的機會，只是我們疏於理會。例如，在工作上積極一點、投入一點，就能做出足以引起上司注意的業績；開會時坐在前排，發表自己對某一事件的見解，就能使上司和同事對我們另眼相看；上班早到一點、下班晚走一點就能給人留下肯做事的印象（當然，早來和晚走必須的確是因為在學習或做事）；不隨聲附和地吞下自己的好想法，就能給人有頭腦的感覺……只要我們想要表現自己，並做出行動，我們就能走出那個被人遺忘的角落，增加自己升遷加薪的可能。

有些人雖然不甘心待在被人遺忘的角落裡，但他們習慣了這種生存狀態，害怕做改變會帶來陣痛，所以即便苦悶也還是得過且過著。其實捨棄被遺忘的角落並不困難，只要我們多一些細心、勇氣和期望就足夠了：做工作時細心一些，及時發現、解決工作上的問題；表達自己想法時給自己打打氣；退縮時用高薪和職位誘惑一下自己……如此一來，我們離被關注的日子也就不遠了。

原則四十一　該放權的時候要放權

捨得不僅是一種境界，它還是一門藝術，什麼該捨，什麼該得；如何捨，如何得都需要我們仔細思索、認真拿捏。職場上的捨得更是一門大學問，作為職場中人不可避免地要與同事合作、管理別人或被人管理。當我們與同事合作或管理別人時，就要學會適當的放權。

有人把放權比喻稱放風箏，要「捨得放，敢於放，放要放高，放高要線韌，要收放自如」。就是說，當我們與同事合作時，如果交托給這個人一項任務，就要給予這個人充分的信任和自由；而當我們作為管理者，派下屬去完成某項任務時，就要給下屬充分的權力，讓下屬有足夠的空間可以施展能力。當然，放權並不意味著什麼都放開，還需要進行高度以及方向上的控制，就像放風箏的人藉助手中的線控制風箏的高度和走向一樣。

我們都有這樣的經歷，當同事把某件事情交托給我們的時候，我們會有點為難，我能不能一個人作出決定呢？哪些情況下是我可以做決定的，而那些情況下是我需要跟你商量再做決定的？我決定不了，而你也決定不了的事，我能不能直接向上級請示等等。不好問出口的問題會讓我們在做事時瞻前顧後，左右為難。例如，兩個保險業務員合作去跑同一區的業務，一個業務已經聯絡好了一個公司談保險，卻因為臨時有事不能在約定時間到達該公司，他只好委託另一個業務員代談。這個時候，如果委託人不將他平時談判的標準和底線交代給被委託人，那麼被委託人就很難與這家工作談合作。所以，為了便於工作順利進行，我們在把工作交托給合作的同事時，要把我們所能放出的權力交給這個同事。

放權，對於一個管理者而言尤為重要。當我們把某個任務或某方面的工作交給下屬時，我們就要信任這個屬下，把應該放的權力放出去，這樣不但提高屬下的辦事效率，還可以節省自己的精力，集中力量解決更重要的問題。

很多時候，管理者會抱怨屬下辦事不利，即使有權也不會用，事實上，並不是屬下不會用，而是不敢用，這是我們放權卻不放心所造成的結果。我們把權力交給下屬的時候，卻沒有把信任和鼓勵交給他們，表現就是我們時時刻刻不忘追問事情發展狀況，枝微末節也不放過，因而下屬總是因為顧及是否會觸及到我們的權力而畏首畏尾。

聰明的管理者懂得什麼時候放權、如何放權。只有懂得這些，他才能更好地駕馭一個團隊、一個公司、甚至一個國家。

二戰結束後不久，從盟軍司令位置上退下來的艾森豪（Dwight David Eisenhower）被聘請為美國哥倫比亞大學的校長。副校長為了使這位五星上將盡快了解學校各方面的情況，把學校裡系主任以上負責人都請來為艾森豪做彙報，但因為考慮到艾森豪會累，所以每天只安排他見一兩位，每位談半個小時。

艾森豪在聽了十幾個人的彙報後把副校長找了來，問他一共安排了多少人彙報，副校長說，六十三位。艾森豪長大了嘴巴說：「天哪，太多了！以前我統領百萬大軍只需要接見三位直接向我彙報的將軍就好了，他們的屬下我不需要接見和過問。現在，這些彙報的人所談的我大部分聽不懂，也無法給出什麼指示，這是在浪費他們寶貴的時間啊！你還是把那張日程表作廢了吧，讓幾個主要負責人來跟我講。」

艾森豪當選美國總統後，也很注意放權，一次，他正在打高爾夫球，總統助理拿著白宮送來的一份事先擬好的「贊成」或「否定」的急件批示，請求總統挑一個簽字。誰知，艾森豪一時間不能決定，便在兩個批示上都簽了名字，並對來人說：「請副總統尼克森幫我挑一個吧。」而後便若無其事地打球去了。

後來尼克森在談到領導人的素質時對艾森豪的放權行為大加讚揚，並強調說：「領導人在安排使用精力上必須記住一個壓倒一切的目標：做大事……如果他花太多心力想把什麼事都做好，就沒辦法把真正重要的事做得出色頂尖，就不會超群出眾。」

艾森豪善於放權，不但使自己騰出了更多的精力做更多的事情，還使自己的手下幹勁十足，工作效率頗高。一個好的管理者就應該像艾森豪一樣，在該放權的時候放權，放好權、放足權。

有很多管理者因為下屬的業務能力或忠誠度而不願意放權，從任務的制定、解決方案的設計到具體執行的進度都要一一過問，還經常事無小大地向下屬發號施令。這樣做的結果是，下屬因為得不到信任，要麼離職，要麼只聽吩咐而不主動做事，最終導致整個團隊的戰鬥力嚴重萎縮。

懂得放權的管理者，會把自己的決策權適當地讓給下屬，在做任何決定前都會與適當的人溝通，最後形成統一的行動方案，在方案執行過程中，很清楚地劃分給下屬權責，誰負責哪一個部分，做好做壞會有什麼獎懲等都有明確的規定。最重要的是，下屬在執行任務時可以享有比較大的自由度，甚至只要專案負責人有把握把事情做好，就可以推翻原定計劃。這樣不但可以使下屬有很大的認同感、保持工作積極性，還可以節省下屬等待管理者回覆的時間，提高工作效率。

與同事合作時的放權、作為管理者時對下屬的放權，都能使接受任務的人充分發揮出自身的能量，把工作順利而快速地完成。在該放權的時候放出該放的權力，就會得到更多的精力和更好的效果。

原則四十二　放下自卑，勇敢爭取機會

很多人在找工作時都會遇到強勁的競爭對手：名牌大學畢業的、學歷比自己高的、工作經驗比自己豐富的……看到這些人拿著厚重的敲門磚與自己競爭時，人們心裡難免忐忑不安，擔心自己的競爭力，有的人甚至不敢參與競爭直接拿著簡歷另找他家，白白浪費了工作機會。這些在我們眼裡看似強大的競爭對手真的就比我們強大嗎？未必！低學歷者做出傲人成績的比比皆是；經驗不夠的新人後來者居上的也俯拾即是；而普通大學畢業生在職場上如魚得水的更是不在少數。我們在面對競爭時，大可捨棄因為敲門磚不硬而引起的自卑感，拿出勇氣爭取機會。

在我們身邊，很多條件稍差的人在與條件好的競爭者競爭時都會自慚形穢，感覺自己這也比人短，那也比人差，彷佛條件好的人長了三頭六臂，能以一敵百。結果，別人沒有瞧不起自己，自己就被自己嚇趴下了。找工作時是這樣，升遷考核也是這樣，只要是參與競爭就覺得自己低人一等。試問這樣的人又怎麼會成功呢？

有一家報社招募記者，主考官是這家報紙的副總編輯。他對應徵者說：「這次應徵的人學歷參差不齊，研究生、名牌大學畢業生、大專生、空大生都有，我不管你是什麼生，只要你有本事、能寫出漂亮的文章我就用！」

前來應徵的陽陽聽了這話喜出望外。為什麼？因為她是空大畢業生，就是俗稱的學店，就因為學店出身，她經常被拒之門外。她也一度因為自己的學歷而自卑，後來見到報社招募，觀察力和寫作力都很強的她鼓起勇氣決心試一試。

經過筆試和面試，陽陽被這位副總編輯相中，成為該報的一員。陽陽心裡相當高興，很多名校畢業生都沒有獲得這個機會，她終於遇到伯樂了！

與她同時進去公司的還有頂尖大學畢業生黃小姐。黃小姐對陽陽不以為然，總表現出她頂尖大學畢業生的優越感。陽陽暗下決心要做出些成績讓她刮目相看，所以採訪空閒她總是學習各類知識；採訪回來寫完的稿件她總是拿給前輩審閱，詢問意見……兩年下來，陽陽升為該報編輯，而黃小姐還在記者的位置上原地踏步。

普通學校畢業的陽陽捨棄了自卑，敢和名校畢業生一較高下，獲得了進入報社工作的機會，而在工作中她又憑藉積極進取、勤奮努力的的精神超越了名牌大學畢業的黃小姐，得到了升遷的機會。我們可以像陽陽那樣捨棄自卑，努力爭取心儀的工作，努力取得業績的進展，努力在自己的職位上發光發熱。

原則四十三　不把問題推給老闆

職場上最常涉及到的問題就是有所為、有所不為，不把問題推給老闆就是有所不為，而有所不為就是捨，捨棄把問題推給老闆的行為，自己解決問題。

比爾蓋茲曾經說過：「好的員工善於動腦筋分析問題、主動解決問題，而不是把問題推給老闆。」是的，老闆花錢請我們是讓我們來「做事」的，而做事就是解決問題。如果我們沒有辦法解決問題，那麼我們工作的意義和價值也就喪失了。沒有哪個老闆會為屬下踢回來的「皮球」而高興，我們踢了「烏龍球」就容易被老闆踢出局。

但職場上的很多人都意識不到這一點，他們碰到問題時，不管能不能解決都喜歡向老闆請示，遇到確實難以解決的乾脆把手一攤，直接推給老闆。老闆一邊焦頭爛額、親力親為，一邊為自己有這樣的員工而滿肚子氣：他是公司的負責人，他掌握的是公司的發展方向，制定的是公司的發展戰略，他是決策層，不是執行層，他分派的任務是要別人來完成的，不是安排給自己做的，員工把問題推給他，他還不如不下達任務。被「烏龍球」惹火的老闆能信任和賞識踢「烏龍球」的下屬，反而就是老闆有問題了。

很多時候我們覺得問題難以解決，並不是問題本身有多難，而是因為我們不善於動腦，缺乏思考能力，不知道多問幾個「為什麼？」、「怎麼辦？」一味地逃避問題，把它推給別人所致。這樣的下屬是很難受到歡迎的。

解決工作中的問題是我們的責任，把問題推給上司或老闆就表示自己辦事不力。如果我們能把解決問題看做是展現自己的機會，藉解決問題來表現自己的價值，那麼我們就能發掘出自己的潛能，讓老闆或上司刮目相看。

二十世紀初的世界鋼鐵大王安德魯・卡內基（AndrewCarnegie）曾經是賓夕法尼亞州匹茲堡鐵道公民事務管理部的員工，一天清晨，他在上班途中看到一列火車在城外發生了車禍。這個時刻情況危急，而其他人還沒有來上班，卡內基不知道怎麼辦才好，便打電話給上司，但上司電話不通。

情況緊急，卡內基知道，多耽誤一分鐘就會給鐵道公司造成非常大的損失。儘管負責人沒有來，但他不能袖手旁觀。於是，卡內基便以上司的名義，給列車長發了電報，要求他根據他所提供的方案迅速處理這件事，並且還在電報上簽了自己的名字。卡內基知道，他的行為已經違反了公司的規定，他會受到嚴厲的懲罰，甚至有可能被辭退。

當上司來到自己的辦公室時，發現桌子上放著卡內基的辭呈以及他處理今天早晨這場事故的詳細情形。卡內基就等上司開口了，但是，一天過去了，兩天過去了，上司卻一點兒動靜都沒有。卡內基以為上司沒有看到他的辭呈，便在第三天的時候跑到上司的辦公室說明狀況。

上司看見卡內基進來就笑了：「我知道你會來，你的辭呈我已經看見了，但是我覺得不需要辭退你，因為你是具有職業精神的員工，你的行動剛好說明你是一個會主動做事的人，也是個能解決問題的人。我沒有權力，也沒有意願和理由辭退你這麼優秀的員工。真沒想到，我手下有這麼優秀的人！」

卡內基從此知道，作為員工能夠維護公司的利益，替上司解決問題才是最重要的。

卡內基在處理火車車禍的過程中，不僅表現出了他積極主動的職業精神，也表現出了他處理突發事件的能力。這也是上司肯定他，對他刮目相看的原因。嘗試自己獨立解決工作中的問題，也會挖掘自己的潛能，如果卡內基等待著上司上班來解決問題，那麼他永遠也不知道自己會這麼妥善地處理這麼緊急的事件。

在職場上，遇到各種工作上的問題是不可避免的，老闆們迫切需要那些能幫他解決問題的員工。在他們眼裡，員工如何處理和解決問題最能表現他們的責任、主動性和獨當一面的能力，一個經常幫助老闆解決問題的人，老闆一定會器重他。因為，有了這樣的員工，他才能騰出更多的精力來做更大的事情。如果我們能做到「問題到我們這裡為止」那麼，我們就裡升遷加薪的機會不遠了。

那麼，我們又如何做到「不把問題推給老闆」呢？

第一，建立信心，自己嘗試著解決問題。不要碰到問題就想著找上司或老闆，要嘗試著自己解決問題。對自己職責範圍內的事情，如果能都判斷，那麼就大膽地拿主意，自行解決，不要交給老闆，交給老闆的應該是結果。因為，只有解決了問題，我們才有新的契機，才能讓老闆對我們青眼有加。

第二，把每個問題當做機會。解決問題的過程就是學習的過程，同時，它也是表現自己的過程。我們在這個過程裡能夠提高自己的判斷力，鍛鍊自己的思考，驗證自己的想法，挖掘自己的潛力，表現自己的能力……總之，它不但能為我們提供學習機會，也能為我們提供升遷加薪的機會。

第三，對於解決不了的問題，不要找藉口。遇到自己真的解決不了的問題，先請同事幫幫忙，如果同事也解決不了，不要找藉口，直接說自己需要上司指導即可。這樣，老闆會為你提供解決方案，你接著再去執行就會順利很多。

原則四十四　擺脫平庸，追求卓越

人的一生中需要對很多東西進行取捨，當然也包括心態上的取捨，而心態上的取捨又直接作用於行動，因此，很多時候，我們的心態決定了我們所能達到的高度。如果我們希望未來生活得好一些，在社會上占有一席之地，那麼，我們就要摒棄心態上的平庸，追求卓越。

很多人對平凡和平庸是分不太清楚的，真正的平凡是指，自己做好自己的本分，努力實現自己的價值，而平庸是指，即使有能力也不願意發揮出來，甘願被埋沒；情願捨棄進一步提升自己的機會，做一天和尚撞一天鐘。說白了，平庸就是不求上進，卻等著天上掉餡餅。

平庸的人在工作中時常會有這樣的表現，僅做自己願意做的事，做事不追求盡善盡美；當工作出現失誤時，他不會主動承擔責任，相反千方百計地找藉口去捍衛自己的缺陷。例如，上班遲到，會有「塞車」、「鬧鐘壞了」、「家務事過多」等藉口，他就是不說「自己遲到是不對的，不會有下次了！」有時候，平庸的人會到處挖井，卻沒有一個挖得深的，他們不會在一個行業太久，經常跳槽，淺嘗則止，結果卻沒有一技之長好傍身，慢慢地在優勝劣汰的競爭中被淘汰了。

平庸的心態造就了平庸的人，平庸的人不僅過不了自己所期待的生活，而且還會被他人所輕視，社會所淘汰。

而追求卓越的人卻完全不同，追求卓越的人不但不甘於平庸，也不甘於平凡，他們會為自己設定目標，並全力以赴地為實現這個目標而奮鬥；他們在工作中充滿激情和動力，努力將工作做到最好，希望藉此得到他人的肯定和賞識；他們很少找藉口，甚至根本就不找藉口，他們知道錯了就要改，對了就要堅持；他們會在工作中不斷吸取過去的經驗，自我提升。這樣的人最終會從眾多的競爭者中脫穎而出，創造出自己的輝煌，得到自己想要的生活。

心態決定命運是有道理的，我們只有捨棄平庸的心態、追求卓越，才能真正得到自己想要的東西，過上自己所羨慕的生活。

小亮和阿宇是大學同學，大學畢業後各自回家鄉打拚。小亮在學校的時候就是個懶散的人，不考試就不讀書，大考當頭再拚命抱佛腳，雖然不至於每個期末都被當，但是總體來說，大學裡他沒有做出什麼值得驕傲的事情。

阿宇恰恰相反，他從上大學起就立志不要做平庸之人，他認為上天只給每個人一次生命，人們不該浪費，於是，他在大學裡除了努力學習知識外，還積極參與學生活動，假期還會找機會到公司去實習。他這麼做的目的就是練好基本功，培養自己適應社會的能力。他的付出沒有白費，在大學畢業的時候，已經有好幾家公司搶著要他上班了。

阿宇考慮到父母年老，需要照顧，於是決定回家鄉發展。回家就意味著要放棄唾手可得的工作，另尋出路。阿宇心裡有底，以他的成績和實習經驗，他一定可以找到滿意的工作。果然不出所料，他很快就找到了自己喜歡的工作。

阿宇在工作之初就為自己定下了目標，他要成為公司裡有話語權的人物，於是，他全力以赴地向自己的目標邁進，因為他知道，要想在公司有強大的影響力不能操之過急，要實實在在地打拚才行。經過努力奮鬥，阿宇終於成為公司的總經理，並且有信心瞄準總裁的位置前進。

而小亮卻不同，他保持著在學校的作風，好不容易經過家裡人的安排得到工作，卻不好好做事，他認為人生一世不容易，該充分地享受生命，享受生活，工作就是糊口的工具，不出大問題就沒事。所以上司和同事經常為小亮的拖延、藉口、推諉而煩惱，漸漸地同事不願意與他合作，上司見到他也沒好臉色。小亮知道自己在公司不招人喜愛，所以找了個機會跳槽了。

小亮和阿宇，一個甘於平庸，不努力工作；一個追求卓越、全力以赴，兩個人的心態不同，得到的結果自然也會有所不同。小亮甘於平庸的思想使他不求上進，只知道享受生活，而他卻忘了只有先創造生活，他才有能力、有條件、有資格去享受生活。朝不保夕的人別說是物質條件，就算是精神娛樂他也享受不起。而阿宇卻不同，他一直保持著追求卓越的心態，在工作中不斷提升自己，為達到自己的目標而努力，最終他成了一個不平庸的人。

要擺脫平庸的生活，就要先擺脫平庸的心態，而要擺脫平庸的心態，就要對自己和人生有清醒的認知，知道自己要什麼，要用什麼樣的方式才能得到自己想要的，知道甘於平庸最後連平庸都達不到，而追求卓越即使我們達不倒卓越，也會使我們接近卓越。

在職場上，要擺脫平庸沒有其他方法，只有努力地工作，一步步地提高的自己的能力和影響力。

原則四十五　猶豫不如果斷贏取機會

人們之所以會猶豫，是因為一時間對某事牽扯的各個方面難以作出取捨。這個也想要，那個也想得，放棄哪個都捨不得。結果衡量來衡量去，最好的時機已經錯過了。要抓住時機，成就未來，就要敢捨敢得果斷做出選擇，積極採取行動。

當我們找工作時，擺在我們面前的是一家大公司，發展空間大、福利待遇好，但我們開始猶豫了，還有沒有更好的公司呢？薪水高一點的，培訓機會多一點的，最好有出國外派的機會。猶豫來猶豫去，機會就被別人捷足先登了。

當我們與客戶洽談合作時，客戶提出了較為嚴苛的條件，我們因為不敢拍板定案，猶豫不決，結果被其他公司的業務捷足先登，拉走了訂單。

當我們面對升遷加薪的機會時，因為擔心別人比自己強而遲遲不肯毛遂自薦，結果被別人搶占了先機。

當我們與供應商洽談的時候，因為採購價格意見不合，以為還有更便宜、價格更優的原物料時，其他公司的採購人員已經和廠商簽訂了訂購合作。

機會擺在我們面前，而且我們明知道那是機會卻因為思慮太多而猶豫不決，結果機會硬生生地被我們放走了，它除了一聲嘆息沒給我們留下任何東西。

小媛的上司調走了，公司從總部新派來一位據說能力相當不錯的上司。新官上任三把火，這位上司上任後，把分公司的員工召集起來了開了一個會，會議的內容很簡單，就是自我介紹。上司熱情洋溢地做了一番自我介紹後，讓員工一一介紹自己。

大家覺得很新鮮，一般來說，主管上任，只要他自我介紹一番，再由祕書介紹一下下屬就可以，很少有主管直接要下屬自我介紹的。小媛覺得這是主管想要了解大家，可能是個機會，於是想盡量展現自我。所以，在輪到她作自我介紹的時候，她別出心裁地把自己的姓名、工作經歷、現在的工作內容和工作態度用單口相聲的形式表現了出來。雖然說得不怎麼精彩，但是內容全面，表達流暢，偶爾的「出包」把大家逗得哄堂大笑。上司記住了這個會說單口相聲的女孩。

有的同事因為平時很少作自我介紹，尤其是在主管面前，所以始終猶豫著不知該說什麼好，該怎麼樣表現自己才合適，因為想的太多，輪到自己作介紹時，竟然一時語塞，局促不安，有的乾脆只有一句話——我是誰誰誰，在公司做什麼什麼。上司想聽下文，沒有了！

做完介紹沒幾天，上司來到小媛所在的部門問，誰能幫他做一張進銷存報表。製作進銷存報表是小媛這個部門的職員必須掌握的工作內容，也就是說，這個部門的幾個職員都會做。但是當上司提到這個時，大家竟然你看看我，我看看你，沒有一個人說話。小媛看看大家，轉過頭來對上司說：「我來做吧！」上司點點頭。

一個月後，上司開始了行動，他開始合併部門、裁減人員，很幸運的是，小媛留了下來，並被提拔為小課長，而那個只做了一句話自我介紹，平時又不愛說話的員工被新上司裁掉了。

小媛在上司要大家做自我介紹時，沒有猶豫不決，即使相聲說得不好，也把自己介紹得一清二楚，結果，上司記住了這個活潑開朗的女孩，在上司考察員工的工作能力時，小媛又毫不猶豫地站出來主動請纓，因而，她得到了上司的信任和器重。而那些在機會面前猶豫不決的人最終被上司遺忘，甚至裁掉了。猶豫是對機會的最大危害，當我們沒有足夠的能力感知機會時，我們可能不會為失去它而難過或後悔，但當我們明知道那是個機會，卻因為猶豫不決而錯失良機時，我們便會後悔，便會痛心疾首。

所以，我們如果能夠感知機會、看到機會就要果斷地做出選擇和行動，捨棄那些不必要的想法，快速地採取行動。

行事果斷是職場成功人士必備的特質，當年李開復在蘋果領導技術團隊時，發現這個團隊存在著很大的問題，已經到了積重難返的地步。是解散團隊還是自我蒙蔽維護面子？經過一番思考，李開復當機立斷選擇解散，重新組建了新團隊。新團隊出色地完成了研發任務，結果，公司不但沒有責怪他，還對他勇於承認錯誤並及時改正的行為大加讚賞。

當他認識到作為行業翹楚的微軟無法讓自己的思想和意見自由表達時，他毅然跳槽到GOOGLE，這不僅為他帶來快樂，更使他的影響力進一步擴大。

行事果斷不僅能夠使我們抓住機遇，做出成績，還能夠幫我們最大限度地避免損失。李開復解散團體的行為，結束了團隊勞而無功卻要公司支付成本的現狀，為公司避免了進一步損失。而他在選擇自己去留時的果斷行為，使自己的職業生涯更加輝煌。

猶豫不決是我們職場晉升的阻礙，它使我們很難做出成績，也使我們在爭取晉升的機會時舉棋不定，因為錯失良機。而果斷行事卻能讓我們牢牢地抓住機遇，創造出不俗的業績。當然，果斷絕不是武斷，果斷是用最短的時間，衡量做一件事的利弊，如果做這件事的利大於弊，那麼即使冒一些風險也要採取行動。

原則四十六　放棄被選擇，主動推薦自己

行在職場要有所為、有所不為，有所為就是要我們去做該做的事，而有所不為就是要我們放棄做不該做的事。聰明的職場人能夠分辨出什麼該做，什麼不該做，什麼應該爭取，什麼應該放棄。

很多時候我們會處於一種境地，我們面對的競爭者比較多，優秀的也不止我們一個，我們就像餐廳裡的菜，是等著被點的，而能不能被點中要看點菜人的口味。這個時候的主動權不掌握在我們手裡，我們很難從眾多的「美味佳餚」中脫穎而出被點菜人選中。但是我們不要忘記，餐廳裡還有一群為顧客推薦菜餚的人，有了這些人我們的境遇就不同了，他們根據自己對菜餚的了解，向不同的客人推銷著不同的菜餚，客人被他們打動了，就會選擇他們所推薦的菜餚。

事實上，我們在這個時候完全可以「有所為」——放棄自己被選擇的地位，出動

出擊，做自己的推薦人，把自己推銷出去。當我們要進入一家公司時，當我們的頂頭上司的職位出現空缺時，當公司有外派出國的名額時，當公司選拔人才參與競賽時……我們都需要捨棄靜靜地等待考核的態度，出動出擊抓住機會，讓自己從眾多的競爭者中脫穎而出。

一位專家演講時對下面的聽眾說：「在座的有多少人喜歡經濟學呢？」下面的聽眾你看看我、我看看你，誰也沒有回答。其實這些人中有很多是從事經濟工作的，到這裡聽課的目的就是為了充電，只是大家都怕被提問，所以都保持沉默。

專家看到這種情形笑著說：「我先停下來說個故事吧！」大家一聽說故事，精神都來了，紛紛豎起耳朵認真地聽起來。

專家說：「我在美國上學的時候，學校常常舉辦講座，每次來演講的都是華爾街或跨國企業的高階管理者，每次開講前我周圍的同學都會拿起一張硬紙片對摺，寫上自己的名字，再對著演講者立起來放在桌前，我開始還很好奇，問同學們為什麼這麼做，同學都笑我說『你真的不知道嗎？來這裡演講的人都是一流的人物，和他們交流都是上好的機會，要是你的回答能讓他們滿意或吃驚，就有可能被選中進入他們的公司！』事實也確實如此，我周圍的幾個同學因為見解出色得到了去一流企業上班的機會。」

專家講完這些再提問時，很多人都舉起手來。專家因此認識了很多優秀的人才，後來還曾向自己的親朋好友推薦過這些人。

很多時候我們習慣了被選擇，當別人點中我們回答問題時，我們覺得即使回答的不好也還有面子，而自己主動站起來回答問題如果回答不好就會受到嘲笑。同樣的，如果我們是被上司或公司選中了做某事，我們做得好會覺得很有面子，做不好也覺得不是自己強出頭，不會落下個「不自量力」的名聲。所以很多人在機會面前都把自己擺在被選擇的位置上，採取靜靜等候的態度，致使自己與想要的東西擦身而過。

如果我們能夠捨棄靜靜等候的被動態度，出動出擊推銷自己，那麼我們就更可能爭取到好機會。就像前面那位專家的同學，他們都把自己的名字擺在桌子上讓企業高層看到，為的就是推銷自己，結果有人就真的把自己推銷了出去。雖然我們做自我推銷不一定會成功，但如果我們不做自我推銷，我們落選的機率將會更大，我們的上司不會選一個做事不積極或沒有勇氣的人來完成任務，除非大家都不積極。但如果大家都不積極，上司又憑什麼選一個資質與其他人都差不多的我們呢？

當我們處在被選擇的位置時，與其等待別人選擇，不如主動出擊做自我推薦。推薦不成功，我們還是我們，充其量是面子上的一點損失，而推薦成功，我們將會踏上新的旅程，會有新的收穫。

那麼，我們該怎樣作自我推銷呢？以下幾點可供大家參考。

第一，找工作時，改寫自己的簡歷。不要只寫你所學過的課程以及簡單經歷，要寫你表現突出的成績或業績；不要簡單地寫你具有什麼技能，要將你運用技能做的事情寫清楚；不要寫你有他也有的，要寫你有別人沒有的……盡量把自己的優點擺出來。

第二，面試時，注意觀察和了解他人心理。你向什麼人推銷自己，就要了解這個人的心理，這樣才能夠說出對方願意了解和符合對方心理預期的話。比如，你向面試官推薦自己時，就要知道面試官希望找到有能力勝任該職位的員工，而你就要表達出你對這個職位的了解和自信；如果你向老闆請命去做某件事情，那麼你就要說明你在這方面的優勢……

第三，向上司自薦時，要表明自己能為公司提供什麼。能為公司提供什麼是公司最為看重的東西，我們在推薦自己時要表明自己能勝任這個職位的能力或經驗、信心等等。

原則四十七　幫助別人就是幫助自己

給，就是一種捨，我們在給別人的時候，就是在捨自己的某些東西，如時間、精力、關懷、財物等等。而這些捨，同樣會使我們得到。

相信大家都聽說過這樣一句話：「贈人玫瑰，手留餘香。」就是說，我們在給別人的時候，自己也會有所收穫。實際上，這並非一句空話，每個人都不是獨立地存在於這個世界上，每個人都會遇到困難，遇到自己解決不了的問題。這個時候，我們就需要向別人求助，如果我們能得到幫助，那麼，我們就會心存感激，希望他日自己也可以為別人做些事情。同樣的，當我們幫助別人時，別人也會心存感激，希求他日伸出援助之手幫助我們。

很多時候，人們會抱怨人際關係複雜，知心朋友難尋。造成這種局面的原因有很多，但其最重要的原因很可能是我們平日考慮自己過多，幫助別人很少。一個平時不注重維護人際關係的人，很難有好人緣，「臨時抱佛腳」只會給別人「利用」的感覺與印象。試問這樣的人又怎麼能得到別人的信任和歡迎呢？別人又怎麼會對他慷慨相待呢？只有平時對他人多些幫助，別人才會拿出真心對我們。

很多時候，人際關係的糾紛都與利益有直接或間接的關係，面對糾紛我們不能總是抱怨別人侵犯了我們的利益，而是應該反思自己是不是想過別人的利益。人說：給人方便，就是給自己方便。我們只有透過給別人提供一些利益，才能有機會維護自己的利益。

有的時候，我們幫助別人只是舉手之勞，但卻能因此得到意外的機會和收穫。就如當年一個百貨公司的店員因為讓年邁的老太太避雨，卻因此意外地得到鋼鐵大王卡內基的一大筆訂單一樣（老太太是卡內基的母親，但店員當時並不知道）。我們經常的對別人施以援手，難保不會遇到生命中的「貴人」。

所以，我們要捨棄一些不必要的自我意識，幫助別人做一些力所能及的事情。愛默生（Ralph Waldo Emerson）說：「人生最美麗的補償之一，就是人們真誠地幫助別人之後，同時也幫助了自己。」我們在幫助別人的時候，也就是在幫助我們自己。

戴爾是愛丁堡一家大銀行的祕書，上司命令他寫一篇吞併另一小銀行的可行性報告，此事事關機密，他能找的人很少。明察暗訪後，戴爾發現有一個人可以幫到他，這個人就是在那家銀行效力十幾年，而現在卻是自己同事的科利。

當戴爾走進科利的辦公室時，科利正在接聽電話，他的面部表情很為難，對著電話說：「親愛的，最近實在沒有什麼好郵票可以給你了，過陣子我帶給你好不好？」放下電話，科利解釋說：「我在為我那十二歲的兒子搜集郵票。」

戴爾說明自己的意圖之後，開始提問題，但是也許是科利對自己過去的公司感情深厚的緣故，他的回答模稜兩可、含混不清。戴爾看出他不想說真心話，他知道，如果科利不是真心想說，那麼他好言相勸也是沒效果的，於是，他不得不結束這次談話。顯然，戴爾無功而返。

開始的時候，戴爾很著急，不知道如何辦才好，情急之中他想起了科利打給兒子的電話。他兒子喜歡集郵啊！我朋友在航空公司工作，曾經很喜愛搜集世界各地的郵票，不如……

第二天早晨，戴爾用一頓豐盛的法式大餐換來了精美的郵票，他再次坐到了科利的辦公桌前。這一次，科利滿臉笑意地說：「我兒子喬治會很喜歡的。」邊說邊不停地撫弄郵票。

接著，戴爾與科利花了一個多小時的時間談論郵票，之後又看了科利兒子的照片，令戴爾相當驚奇的是，還不等他開口問科利那家銀行的情況，科利就自己將知道的資料全都說了出來。不但如此，他還打電話給自己以前的同事，了解那家銀行現在的情況。同事把一些近況、資料、報告等相關內容都告訴了他，他毫無保留地轉告給戴爾。

戴爾順利完成了可行性報告的撰寫。

戴爾因為幫助科利得到了郵票而得到了科利的鼎力相助，最終完成了報告的撰寫。他幫助了別人，最終也幫助了自己。

在職場中，同事之間免不了互相幫忙。我們經常聽到「助人為樂」這個詞，但即使是幫助別人也是要講究分寸的。在辦公室這個既平常又敏感的地方，怎樣才是恰到好處的幫助呢？換句話說，怎樣幫助別人才能使自己也受益呢？

第一，回答問詢意見要巧妙。當同事徵求我們的意見時，有些話是不能說的，有些話是要巧妙地說的。例如，有人問我們「我的工作態度有問題嗎？」、「我該不該用那樣的方式處理和張先生的矛盾？」等，我們不能直接地回答：「是」或「不是」，而是提出一個可行性的辦法，這樣才不會被誤解為批評或敷衍。正確的做法是，告訴他如果你是他你會怎麼做。

第二，要表達出自己的真誠和關切。對別人的幫助要真誠，不要給人「有目的」的感覺。我們的關心應該是發自內心的，這樣才能使別人愉快地接受，我們才會得到心靈的滿足和愉悅。

第三，為別人設想。幫助別人必須以不危及別人的自尊為前提，不然很可能會受到相反的效果。另外，要先設身處地為別人著想，再提供幫助，只有這樣，我們才能恰到好處地幫助別人，而不會出現好心辦壞事的情況。

原則四十八　做別人不願做的事

前面我們說，進與退，有所為、有所不為都存在著捨與得的關係。做別人不願意做的事就是有所為，為的是那些在別人眼裡不屑的、累的、髒的、難做的事情，那些瑣碎的、乏味的、看似做不出名堂的事情。有人會說：「做這些事情有意義嗎？都是些吃力不討好，看不出成績的事情！」事實真的如此嗎？瑣碎的事情往往能磨練一個人的忍耐力，訓練一個人的思考能力；而那些看似難以辦到的事情，可以激發一個人的潛能，提高這個人解決問題的能力。做別人不願做的事情，會得到別人得不到的收穫。

做別人不願做的事情對於職場新手而言，是學習、提升自己的機會；對於職場老手而言，是表現自己吃苦耐勞、不怕挑戰的機會。無論是職場新人還是職場老人，做別人不願意做的事情都會有所收益。因而，我們在工作中要捨棄一些不甘心、不情願，主動做那些別人不願意做的事情。

恩恩剛進公司不久，對自己的工作職責還不是很清楚，但她記住了媽媽的一句話：「多做些別人不願意做的事沒有壞處。」於是，上司和前輩要她做什麼，她都無怨無悔地做。

一次，前輩把一些繁雜的資料統計工作交給恩恩做，恩恩一看資料不止不全，還有多處錯誤，可能要重頭查核資料，這不是一兩個小時就能做完的。她為難地看了一眼前輩說：「我可能會需要重新做這份資料。」

「那你就重新做吧，其他人都沒有時間。」恩恩沒再多問，點點頭說：「給我一天時間。」

「行，你盡量做。」恩恩開始忙這份報表。她先是從倉庫那裡拿到庫存資料，接著又聯絡業務查看銷售情形，以及產品停留在賣場、超市裡的數量，最後，她將這些核實無誤後，做成了一張資料全面卻又簡單明瞭的報表給前輩。前輩看過後連連點頭，對她說：「想不到你剛來不久就適應得這麼快，這張表格很全面，甚至比我做得都好！」恩恩笑了。

第二天，上司把恩恩叫到辦公室，對她說：「你做的報表既全面又清晰，很不錯！以後還要努力！」恩恩點點頭說：「都是同事們願意配合，才能這麼快就做出來。」上司看看恩恩，轉過身拿了一疊資料說：「你做這個試試看，我給他們做，他們都不願意接，說是太難了，你看看能不能做？」恩恩接過上司手裡的資料，原來是整理客戶資訊，商品報價，以及供應商資訊的資料。恩恩一看忍不住吃了一驚，這可是重要的商業資料啊？為什麼沒人願意做呢？上司把這樣的資料交給誰，就說明他很信任誰啊！

上司似乎看出了恩恩的訝異，他笑著說：「這裡面牽扯到很多問題，不是簡單的文案和資料整理工作，需要了解同行業競爭者價格、生產、銷售情形，這些資料不花些時間是做不完的，有些甚至還要對外保密。」恩恩點點頭，原來是這麼一回事。

她接下這個任務後，苦戰半個月終於把一系列符合要求的檔案、資料交到了上司手裡，上司對恩恩讚不絕口，不久後便提升做了經理特助。

恩恩做別人不願意做的工作，不僅得到了同事的肯定，也得到了上司的重用。在處理繁雜的事務的過程中，恩恩很好地表現出了自己的專業素養和工作能力，她因而得到了應有的回饋。

在職場中，我們很可能會被派遣到別人不願意做的事，尤其是職場新人。這時候，我們不妨高高興興地承接下來，把它看做鍛鍊自己、表現自己的機會，把別人不願意做的事情做好。這樣，我們會在別人的注意不到的地方發出光芒。

別人不願意做的事情中，往往隱含著很多機會，而且這些機會多是沒有太多人競爭的，如果我們肯用心，那麼我們就會得到別人意想不到的良好結果。

原則四十九　自私會破壞人際關係，影響晉升

自私是職場成功的一大障礙，自私的人把自己的東西看得很重、看得很緊，所以會為了自己的利益不守職場規則，侵犯他人權益。因而，它對人際關係也有很大的破壞力。如果我們想要在職場立足，就要捨棄一些自私心理，讓別人也得到一些實惠。只有這樣，上司才會信任我們，同事才願意親近我們，客戶才願意與我們合作。

有的人為了與同事爭奪客戶和機會，經常不顧道義地排擠同事，結果弄得同事非常不滿，再也不願意與他合作；有的人貪戀公司的一點小福利，經常占有別人的那份，結果不僅引起同事不滿，就連主管都對他有意見，不肯重用他；有的人為了自己能多吃一些回扣，向客戶提出無理要求，結果不僅損害了公司利益，還使得客戶不願意和他長久合作。自私的心理造成自私的行為，自私的行為破壞職場人際關係，直接影響我們的業績和晉升。

周小姐與另一位同事被公司安排參加展覽，周小姐搶著要為同事印名片，同事覺得這個人真不錯，肯為別人著想。

但讓同事沒想到的是，名片印下來之後，他才發現自己的名片和電話號碼，以及電子信箱都是錯的，他要找印名片的公司改已經來不及了，因為第二天他們就要參加展覽了。

到了展覽，周小姐對同事說：「既然你的名片都是錯的，發了也是白發，發我這個好了！」同事沒辦法只好收起了自己的名片，拿著周小姐的名片發。

到了採購商自由洽談的時間，同事找到幾個認為合適的客戶商討合作，結果，同事走到哪裡，周小姐就跟到哪裡，唯恐同事拉的單子比她多。還不只這樣，當同事與採購商洽談的時候，她還時不時插嘴，搞得客人不耐煩。整場展覽會下來，他們找的客戶很有限。

回到公司後，同事跟主管反應了這件事，主管一邊安撫同事，一邊暗自觀察起周小姐。這一天，主管帶著一盒奇異果到辦公室裡請大家吃，他先是分給每個同事一人一個，發完後還剩下半盒，接著主管把剩下的半盒放在茶几上，告訴大家誰愛吃就拿起來吃，而後走了出去。因為是上班時間，所以誰都沒動。

中午大家外出吃午飯的時候，周小姐故意拖延時間不走，等到辦公室的人都走光了，她悄悄地拿起那半盒奇異果放進自己的提袋裡，之後便去吃飯了。

大家回來後看到半盒奇異果不見了以為是主管拿走了，也就沒過多追問。事也湊巧，一個同事走過周小姐的座位時，往她腳下看了一眼，結果看見那半盒奇異果躺在她的提袋裡。

從此，周小姐自私自利的名聲在公司傳開了。主管也知道了這件事，他對周小姐很失望，不想讓她繼續留在公司，於是就資遣了她。

自私的周小姐因為懼怕同事的業績超出自己，竟然故意印錯名片，還在展覽會上破壞同事與客戶的洽談，結果遭到同事強烈不滿，因此反應到上司那裡。她還將上司帶給大家的食品占為己用，更加重了同事和上司的反感，最終被掃地出門。

自私，不僅破壞人際關係，還會影響工作的效率和成果。自私的人因為有私心，很難與別人進行團結合作，所以也很難發揮團隊的效力，工作效果自然不理想。更有甚者，互相拆臺，結果兩個人做的事，還不如讓一個人來做。

自私，是我們職場晉升的絆腳石，越快移開越好。那麼，我們要怎樣移開這個絆腳石呢？

第一，要學會自省。自私通常是一種下意識的心理活動，想要克服自己的自私心理，就要經常對自己的心態與行為進行自我觀察和反省。當然，觀察時要依據一定的客觀標準，例如，社會公德與社會規範。要反省自己的過錯，看看我們的行為給他人造成的困惑和傷害，糾正自己錯誤的做法。

第二，多做利他行為。經常關心和幫助他人，在幫助他人的過程中體會自己的價值、獲得成就感；在別人的感激和讚揚中體會放下自私的樂趣。

第三，換位思考法。把自己放在別人的位置上考慮，加入我們做出某種自私行為，那些人會有什麼樣的感受，會做出什麼樣的反映，結果會怎樣？如果我們能意識到自己的自私會給別人造成傷害，那麼我們就會盡量減少自己的自私行為。

第四，強化訓練。在自己的手腕上束一個橡皮筋，只要意識到自己自私的念頭或行為，就用這根橡皮筋彈擊自己，從痛覺中意識到自私是不對的，從而促使自己糾正自己的心態或行為。

人們都有「投之以桃、報之以李」的思想，所以我們在做人、做事時，不要為一點蠅頭小私利斷送良好的人際關係，破壞自己的職業晉升之路。

原則五十　修剪嫉妒心的枝椏

嫉妒，簡單來說就是，我們在與他人比較時，發現自己在才能、名譽、地位或境遇等方面不如別人而產生的一種由羞愧、憤怒、怨恨等組成的複雜的心理。從這些情緒中我們就可以看出，嫉妒發展到一定程度，就會對我們的人際關係造成極大的破壞，有的人甚至會因為嫉妒做出一些極端行為，嚴重傷害他人。如果我們想過得快樂些、人際和諧些，那麼我們就要盡量化解內心的嫉妒。因為，只有捨棄不必要的嫉妒，才能釋放我們的心靈，豁達、大度地與人交往。

在職場中，我們經常能聞到嫉妒的味道，「我們一起進公司，憑什麼她就只需要坐在那裡聽電話，而我卻要在外面風吹日曬？」、「為什麼他的建議總是被老闆採納？」、「她憑什麼坐在辦公室裡最方便的位置上，想幹什麼就幹什麼？」、「憑什麼他作為新人都可以出國進修，而我們為公司效力這麼久了卻沒有機會？」這些嫉妒心理從某種程度上來講，可以刺激我們的進取心，成為我們奮進的動力，但如果任由這種嫉妒心膨脹，那麼，我們就會掉入痛苦的深淵、無法自拔。

古羅馬哲學家賽內卡（LuciusAnnaeusSeneca）說：「拿自己的命運與別人的幸運相比是一種自我折磨。」不錯，嫉妒這種情緒會使我們飽受精神折磨。可見嫉妒之心過旺，終歸害了自己。

事實上，很多人都有不同程度的嫉妒心，不過有的人能及時、理智地做出正確的判斷，控制自己的情緒，將嫉妒轉化為動力，而有的人卻任由嫉妒心生長，結果被濃密的枝椏掩蓋了心靈，只好採取一些不良行為來尋求心理平衡，而這些不良行為勢必會傷害到其他人。被傷害的人有可能會對我們施加報復，也有可能惹不起、躲得起，從此遠離我們。重要的是，我們的不良行為會讓別人質疑我們的人品，使更多的人不願意接近我們。所以，我們會見到這樣的現象：如果一個人得罪了某個同事，那他可能失去了一群同事。

總之，不必要的嫉妒害人害己，破壞人際關係，讓自己的心靈受累。所以我們要及時修剪嫉妒心的枝椏，把它控制在可允許的範圍之內。

阿旭大學剛畢業，年紀輕輕就成了大型外商公司的研發經理，這讓很多人羨慕不已。因為是一流學府畢業的研究生，又做事勤快，腦筋活絡，所以很得上司賞識。

和他一起進公司、同為一流大學研究生畢業的謝先生不免有些嫉妒，自己也是拼了命似地工作的，怎麼他就能坐上經理的位子，自己卻還是個職員呢？況且，公司裡有這麼多「老人」怎麼也輪不到他呀！謝先生決定先跟他比一比，拿出自己的成績，不信贏不過他。

於是，謝先生更加賣力地工作，加班時間明顯延長，幾乎是跟阿旭槓上了，阿旭不離開，他絕對不離開；阿旭完成的指標，他要求自己一定要超過他；阿旭有的待遇他盡量爭取。總之，他就是盯著阿旭。

但不知怎麼回事，謝先生越努力就越失落，因為上司就是不喜歡他。他的業績在公司算高的了，人緣也不錯，可是上司就是偏心阿旭。謝先生心裡極不平衡，苦悶異常，他處心積慮想要扳倒阿旭。

於是，他開始四處散布流言，說阿旭為人如何如何虛偽，私生活如何如何混亂，對同事如何如何不友善……結果搞得總經理親自跑來考驗阿旭。

經過考驗和調查，大家才知道謝先生在背後搞鬼，阿旭根本就不是謠言裡所說的那樣的人。大家覺得謝先生這個人太沒氣度，很可怕，誰也不願意和他來往了。謝先生的上司知道這件事後，警告他，再有類似的事情發生，就把他辭掉。

謝先生在開始時還能正確地利用自己的嫉妒之心追求上進，但隨著嫉妒心越來越重，竟然做出了詆毀他人的行為，結果只落得搬石頭砸自己的腳，不僅自己痛苦不堪，還讓他人避之唯恐不及。

嫉妒心的產生是個人主義、利己主義的思想在做怪，它經由比較使我們產生落差感，在同等條件、同等環境下，別人比我們得到的多，享有的多，我們就會出現心理失衡，如果這種心理失衡得不到及時調整或有效控制，那麼，我們很可能做出一些不良行為，造成不良後果。

那麼，我們要怎樣修剪或者化解自己的嫉妒心呢？

第一，要培養豁達的人生態度。從最開始就要知道「天外有天，人外有人」、「強中自有強中手」的現實，知道有些東西是別人能得到，我們得不到的。

第二，轉移注意力，平衡心理。如果我們有很多事情可做，就沒時間去嫉妒別人了。所以我們要讓自己充實起來，用其他方面的成就感沖淡內心的嫉妒。

第三，看看自己的長處。人們會嫉妒，多數時候都是因為只知道注意別人的優點、優勢，而忽略了自己比別人強的地方，所以我們要找到自己的優點，平衡自己失落的心理。

對別人產生嫉妒並不可怕，可怕的是任由嫉妒發展，造成自己失控。只要我們及時修剪自己不必要的嫉妒之心，我們就會尋求到心靈的平靜，保持人際關係的和諧。

原則五十一　接受不了就拒絕

拒絕與接受是捨與得的又一個含義，拒絕就是一種捨，拒絕別人的建議就是捨棄別人的建議，拒絕別人所實施的行為，就是捨棄這個行為可能帶給我們的影響。

身在職場一味地接受別人的指示或請求並不是長久之計，這樣會養成大家把事情都推給我們來做的習慣，最終受苦還是我們自己。如果有一天，我們無法忍受各方面堆積而來的事情，我們要麼會黯然離場，要麼會在沉默中爆發，打破原來的關係，而這兩種情況都不是我們願意看到的。所以，我們要學會拒絕別人。

一個會拒絕別人的人，不僅能夠得到上司和同事的尊重，還能使自己有足夠的精力應付手頭上的工作，做出令人滿意的成績。

詩詩在傳媒公司已經做了三年了，工作做得很出色，經理很欣賞她，經常分派不同的任務給她。開始時她很高興，從不拒絕，還認為這是和上司保持良好關係的方式，但是隨著任務量的逐漸增多，她越來越高興不起來，因為這些任務搞得她經常得加班工作，甚至週末都不能休息。

詩詩以為只要不拒絕上司分配的任務，就會使上司器重自己，得到升遷的機會，但是她左等、右等也不見經理行動，她越做越累，越做越失望。

這天，她的老闆又給她加了工作量，她鼓起勇氣對老闆說：「我現在手裡已經有了四個大專案、八個小專案了，我擔心安排不過來。」經理聽了當場愣住，他還是第一次聽見詩詩拒絕他的命令，於是很不高興地說：「但是，這個專案只有你去我放心！」詩詩沉默了一下說：「我可以趕一趕，但是為了能確保完成任務的品質和時間我需要幾個幫手。」經理驚訝地看了一下她說：「我考慮考慮。」

過了幾天，詩詩被提拔為部門主管，手下四個人為她分擔工作。不僅如此，經理還經常跑來問她工作上有什麼難題需要解決，要她有困難就提出來。詩詩暗暗地為自己開口拒絕經理的要求感到慶幸。更讓詩詩感到意外的是，不僅經理對她另眼相看，就連同事們也對她敬重有加了，時不時地跑來問問她有什麼需要幫忙的。

詩詩在剛開始時，為了維護好與上司的關係經常加班工作，結果卻導致自己的工作量越來越大，最終產生厭惡之情，工作效率嚴重下降。好在後來她巧妙地拒絕了上司的進一步要求，在減輕自己任務量的同時，也得到了上司的禮待以及同事的認可。

在職場上，並不是越順從越能得到良好的關係，過於順從而不懂得拒絕會使自己陷入艱難境地不說，還會使自己被別人忽視，成為別人眼中的便利貼，隨便使喚。聰明的職場人士不會透過一味地順應別人的要求來尋求人際關係的和諧，因為他知道，一味地順從達不到人際往來的目的，只會使自己勞心傷神。

知道拒絕不等於就會拒絕，拒絕是要講技巧的。拒絕別人不要說「不要，我不要」、「我能力不足，其實某某更適合」、「不好意思，我忙不過來」之類的話，這些話要麼太直接，要麼會把問題踢給別人，要麼就只能用一次，因而它們都不是拒絕別人的正確的方法。下面我們就提供幾個比較正確的方法給大家，使大家不至於因為拒絕別人而引起他人不滿。

第一，不要急於說不，要先聽。當同事向我們提出要求時，他們心中也有困擾或擔心，擔心自己提出的要求會被拒絕。所以，我們在決定拒絕之前要先聽對方說，當對方說完自己的處境後，你再根據他提供的資訊，委婉地表達你不能提供幫助的原因。這樣對方比較容易接受，因為你聽他說話，就表示你重視他、關心他，而你不能提供幫助是因為你確實沒有精力或能力。

當上司向我們提出要求時，如果我們因為工作量過大想要拒絕他，這時候聽對方說，就能界定出哪些是我們分外的事，哪些是我們分內的事，這樣有助於我們拒絕後得到理解和原諒。

先聽的好處就是，雖然我們拒絕了他，卻可以針對他的情況，建議如何解決，這樣對方也會感到滿意。

第二，溫和而堅定地拒絕。如果我們聽過了對方的傾訴，決定拒絕別人的時候，我們要委婉地說出「不」。例如，當對方提出不符合公司規定的要求的時候，我們可以表達自己的許可範圍，暗示他我們幫不上他。如果是自己的工作已經排滿，無法幫到對方，就要對他講我們的工作內容和輕重緩急，暗示他幫他忙會耽誤我們的工作。

第三，化被動為主動。有時候，拒絕是個相當漫長的過程，對方會不定時的提出同樣的要求，如果我們不想答應，卻總是被這個問題打擾，那麼我們就要化被動為主動，關懷對方，並請他體諒自己的苦衷，減少拒絕的尷尬和影響。

我們拒絕別人時，除了需要技巧，還需要發自內心的耐心和關懷。如果只是敷衍了事，那麼對方就會覺得我們不是個誠懇的人，這對人際關係有很大傷害。

捨棄一些情面和無奈，捨棄那些因為答應別人請求而對自己造成的不利影響，不僅不會毀掉我們的人際關係，還會在減少自己壓力的同時，得到別人的尊重。因而，適當的拒絕不是錯。

原則五十二　累了就休息一下

捨與得從來都是相輔相成的，雖然未必是捨多少就能得多少，但是有捨就一定會有得，這一點是確切無疑的。現代人生活節奏快、壓力大，「累」成了集體感受。不錯，現代人面臨的壓力比起以前大了很多，就業、工作、房子、孩子、父母等一系列問題壓得我們喘不過氣來，很多人出現了慢性疲勞的狀態。但是，很有意思的一種現象是，大家一邊狂喊著「累」，卻一邊拼命地向「累」靠近，唯恐自己被淘汰。為什麼？因為大家捨不得，捨不得一天幾千塊錢的薪水，捨不得讓別人占據了上風，捨不得手裡沒做完的專案，捨不得讓別人撿便宜……捨不得已經得到的一切。然而，就是這些捨不得，才搞得自己身心俱疲，最終拖垮了身體。

我們這樣奮不顧身的「累」真的值得嗎？生活需要張弛有度，累了就該喘口氣，不要想一天做完所有的事情，拿健康和生命做賭注來換取想要的東西是最划不來的買賣。

如果累了，就該休息一下，調節好身體和心態再次出發。休息不是停滯不前，是為了趕起路更加輕鬆，也不是為了睡懶覺，而是為了養精蓄銳，向目標衝刺時更加迅速。

也許你會說，你站著說話不腰疼，不然你也休息一下試試，不知道有多少競爭者等著你下馬，父母的養老費、孩子的奶粉錢誰來出？是的，這些除了職場沒有人能給我們，但是我們不要忘了，如果我們的身體出了問題，還不是照樣被踢出局，那時候又不能工作，豈不是更慘？如果我們的心理出問題，終日與人為「惡」或終日憂鬱，豈不是更加影響工作？休息，影響的只是短暫的收益，卻能夠得到長遠的好處，我們何樂而不為呢？

三十歲的唐先生是一家報社的總編輯，作為年輕的幹部，他把這家報紙辦得有聲有色，因而深受業界好評。但是，隨著年齡的增長，唐先生越來越感覺到很多事情力不從心，比如，以前出差回來，他只需要睡一覺就能恢復精神，而現在要一兩天才能休息過來，他覺得自己該休息調整一下了。於是，他在確保了雄厚的資金後，毅然辭去了總編輯的職務，回家休養去了。

唐先生覺得前輩的那句話很有道理，他說：「每個人都是一部汽車，開了五千公里就要保養一下，不然磨損更快，使用壽命會大大縮短。」
唐先生休息後，一邊調理身體，一邊三不五時以喝下午茶的名義約見以前的朋友、老同學聯絡感情。這些人要麼是同行，要麼是政府機關的官員，跟這些人交往不僅大大地開闊了他的眼界，同時也擴展了他的人脈資源。他還悄悄地開始準備考試，因為後輩的進取和競爭讓他越來越意識到，不補充必要的養分，遲早有一天會被拋下。
進過一段時間的調整，唐先生的身體、精神都好了很多，更重要的是，他不僅在這段時間裡養好了身體，還擴充了自己的知識，累積了廣泛的人脈，這為他繼續出發奠定了良好的基礎。
三年以後，33 歲的唐先生創立了自己的報紙，再次成為總編輯，不同的是，這次他是老闆。唐先生希望經過這次暫停和重啟，自己可以更進一步。

我們說，再好的工作做久了都會有懈怠感，會覺得在做機械的、重複的勞動，工作沒有意思，很累。這個時候我們不如像唐先生一樣休息一下，利用休息的時間調理一下身體、放鬆一下心情、補充一下能量、擴展一點人脈，這樣，將更有利於我們重新出發。唐先生並沒有因為捨棄報社總編的職位而失去他的前途，相反，他還利用調理身體的機會，建立了自己的人脈、擴充了自己的知識，使自己更加適應了這個社會的發展。

職場中人雖然不能像唐先生這樣一休息就是兩年，但是，我們可以給自己放個長假，在這段時間裡好好調養一下的自己的身心，重新找回工作的力量。墨西哥山地的搬運工人在給客人搬運行李時，總是每走一段路就停下來休息一下，人們問他們原因，他們說：「身體行走得太快，靈魂會趕不上來。」當我們忙到身心俱疲，卻沒了方向的時候，當我們力有餘而心不足的時候，我們不妨停下來休息一下，找找我們的方向，聽一聽內心的聲音。而當我們心有餘而力不足的時候，我們更要停下來休息一番，補充補充體力，走向更遠的他方。

但是，奇怪的是，很多人即使身體能夠停下來休息，內心也難以平靜。他們在休息的時候也惦記著工作，惦記著職場，惦記著別人是否占據了自己的位子，惦記著幾百塊錢不能白白流走……這樣人休息也等於沒休息。即使身體上有所好轉，內心裡還是感覺疲憊，再次進入職場時，他們打的依然是疲勞戰。要休息就要好好休息，從身心兩方面調節自己，只有這樣我們才更有精力在職場上馳騁。

原則五十三　樂觀會讓你立於不敗之地

不管在職場、商場、官場還是情場等各個場中，樂觀都是極其重要的。當我們面臨困境時，當事情發展的狀況比我們預料的糟糕時，當災難降臨時，樂觀會使我們看到希望、看到機遇、看到前途。因為看到事情好的一面，人們要麼能夠接受事實，放下煩惱快樂地生活，要麼能夠找到解決問題的方法，打開局面，扭轉了困局。與此相反的是，悲觀者在面對困難時，會消極地看待問題，擴大困難本身的難度，從而懷疑自己的能力，變得猶豫不決，結果不但沒有解決問題，反而使情況變得越來越糟。

樂觀和悲觀是一種心態，它是可調節的，人們說這個人很樂觀，那個人很悲觀，實際上說的都是一個人在心態方面的習慣，是習慣從積極還是消極的角度來看待問題。但我們知道，所謂的樂觀者，也會有心情低落，看不開事情的時候，而所謂的悲觀者也會有精力充沛、信心滿滿的時候。所以說，樂觀和悲觀不是與生俱來的特質，它是可以改變的。如果我們想要快樂地生活、激情地奮鬥，那麼我們就要捨棄悲觀的心態，保持一顆樂觀的心。

在職場中，樂觀往往能幫我們爭取到升遷加薪的機會，激發起我們挑戰困難的勇氣，增強我們抵抗困難的能力……而悲觀卻很容易使我們放棄近在眼前的機會，沒有勇氣去接受挑戰。

小李和阿飛都是剛出校門的大學畢業生，他們就讀的學校都屬於國內一流的學校，學習成績也都名列前茅，而且進入的也都是同一部門。不同的是，小李個性比較開朗，看問題習慣往好的方面想，就是同事們口中說的「樂觀，心態很好！」而阿飛卻恰恰相反，他總是習慣把事情往壞處想，有些不難做的工作，被他一想，也想得難做起來，最後不是推掉不做，就是四處拜託人幫忙，因而工作方面並不出色。

有一次，他們的主管要出國研習一段時間，公司想從這個部門選一個職員當代理主管，剛開始聽到這個消息時，小李和阿飛都摩拳擦掌，希望可以得到這個機會，誰都知道能做上代理主管那麼這個人離主管的位子也就不遠了。

小李和阿飛都知道，不止他們兩個看到了這個機會，其他人同樣也想爭取這個機會。按照小李的分析，他到公司已經兩年了，他的業績一直不錯，雖然不是最好的，但卻被主管重視，而且未來公司的發展戰略中將他所負責的區域列入重要業務範圍，公司一定會加強培養他，況且，客戶對他的滿意度很高，在他手裡的客戶都願意與他建立長期的合作關係，公司一定會考慮到這一點；他和同事的關係也比較融洽，如果他能做代理主管，他有信心服眾。於是，小李向主管提交了自薦信，舉薦自己做代理主管的位子。

阿飛的想法則完全兩樣，他覺得雖然自己的業績還可以，但是競爭這個位置的人太多，比自己強的有好幾個，他們與上司的關係都好過自己，有一個還是上司的近親，上司一定會有所側重。還有，雖然自己和同事相處的也不錯，但從平級到上級，他們心裡一定不舒服，萬一有人讓自己下不了臺階，那麼公司一定會重新考慮自己的工作能力，這樣一來反而弄巧成拙，以後都難有升遷機會了。思來想去，阿飛還是覺得等等再說。

就在阿飛忐忑不安地找主管舉薦自己的時候，主管召開會議說，他的職位暫時由小李代替，因為小李是第一個交自薦信給他的人，也是一個樂觀自信的人，他相信他能代理好自己的位子。這讓阿飛感到不可思議，小李的業績和自己不相上下，為什麼他就有勇氣推薦自己呢？

多數情況下一個問題的產生會伴有機遇和挑戰，而一個機會的出現也會伴有風險。如果我們一味地看著挑戰和風險，而不分析自己的優勢以及對自己有利的環境和條件，那麼我們很容易陷入悲觀的沼澤，使本來可以戰勝的困難無法解決，本來可以完成的任務無法完成，本來可以勝任的事情，不敢擔當。就像阿飛，本來他是有資格與小李一較高下的，但是他沒有及時爭取錯過了這個機會，結果搞得別人捷足先登。最後他還不明白是自己的悲觀導致了自己信心不足，錯失良機。

而小李就不同了，他對自己、對未來都有一個積極樂觀的評價和分析，所以他們看到自己的優勢，鼓起勇氣自薦，最終贏得了代理主管的職位，為以後的升遷打好了基礎。

如果我們能甩掉悲觀心態，像小李那樣的看待問題，那麼我們就會增強解決問題的勇氣和信心，就會爭取到其實並不那麼難得到的機會，解決並不那麼難解決的問題。只要樂觀不倒，我們就會職場不敗。那麼，我們要怎樣甩掉悲觀心態，保持一顆樂觀的心呢？

第一，換個角度看問題。不要光想著事情不好的方面，要多想事情好的方面。例如，一杯水喝掉了一半，我們想到的應該是還剩一半，而不是已經沒了一半。

第二，暗示自己情況沒有想像的糟。在遇到困難時，對自己說，事情不會有想像的那麼糟，是自己擴大了困難的難度和影響。

第三，讀一些勵志類的書籍。讀一些勵志類的書可以喚醒人們內心的熱情和戰鬥的力量。當我們心情低落、意志消沉的時候，可以看看別人是怎麼看待問題的，這樣可以拓展自己的思路，擺脫負面情緒的影響。

原則五十四　跳槽是為了更好的發展

跳槽本身就意味著一捨一得，捨棄的是原公司、原職位，得到的是另一公司的另一個職位。有的人跳槽是因為不滿意原公司的職位或薪水，有的人是因為厭倦了原公司複雜的人際關係，有的人看公司發展趨勢不好，急於上一艘抗風浪的大船，有的人想要了解不同的行業、重新燃起工作激情……總之，跳槽的理由各不相同，而跳槽的心情都同樣迫切。

實際上，跳槽確實是一個新的契機，有人在面試時就可以提出高薪要求；有人能夠應聘到比原來職位高的職位；也有人能在新公司得到能力的提升、自身價值的實現……但我們必須注意到的是，跳槽不可怕，可怕的是跳錯槽。

因為人們跳槽的原因不同、目的不同，所以在做選擇時會有不同的側重，希望人際關係簡單點的人會選擇管理比較透明、公司規模不是很大的企業；期望高薪的，只要薪水能讓他滿意他就會考慮；希望藉跳槽在職位上更上一層的，便降低其他方面的要求希望晉級成功……個人追求不同，所跳入的公司也會有所不同。實際上，單純地因為薪水或職位或良好的人際關係去跳槽是不明智的，因為這樣很容易跳錯槽。

那些得到了高薪，工作卻多到要一個人當兩個人用的人會後悔自己為什麼選中壓力如此大的公司；那些希望人際關係簡單的人進入新公司卻發現人際關係沒有變簡單就算了，各種待遇還遠不如從前，於是後悔不已；而得到了高位的人卻發現公司管理制度很不完善，可以給自己意見的人很少，工作起來很不順暢……這個時候人們才意識到，自己是跳錯槽了。於是，有人後悔、有人抱怨、有人繼續尋找下家。

為了避免這種情況產生，我們在跳槽之前就要修正自己跳槽的目標，把追求個人發展放在首位。所謂的個人發展就是提升個人能力、開闊視野、拓寬發展空間等等。有了這些，我們所追求的高薪、高職位都將不是問題，如果我們面對的企業能夠滿足我們未來發展的需求，那麼就要毫不猶豫地跳進去。

吳世雄原本是花旗集團的一名技術員，為人熱情、健談、愛與人溝通，當他發現自己更喜歡與人打交道，而不是與機器打交道時，他想到要在公司內部「跳槽」即從技術部門轉入銷售部門。

不到三年時間，吳世雄已經做到了部門經理，但當時已經將自己定位為銷售人員的他決定放棄在花旗銀行的發展，跳槽進入柯達公司，因為這個公司能夠更廣泛地接觸客戶，他可以從中學到更多的行銷技巧，拓展自己的視野，累積自己的人脈。果然，在柯達任職的經歷使他得到了很大的磨練，他的行銷才能迅速提升。基於此，他的職業發展空間更大了。

一九九〇年，吳世雄出任 Lotus 第一任中國區總經理。那個年代，中國資訊科技業剛剛起步，人們對軟體的認知幾乎為零，吳世雄帶領公司做了大量培育市場、教育客戶的工作。從此他在業界聲名鵲起，他的價值進一步提升。

一九九三年，英特爾看中了吳世雄的行銷力，向吳世雄拋出了橄欖枝，這一次的職務是市場開發總監，全面負責英特爾在臺灣與中國市場的拓展。當時，吳世雄有點猶豫，Lotus 也是一家不錯的跨國企業，他的待遇、職業前景都不錯，跳不跳槽似乎沒有太大的差別。但是，吳世雄最終還是選擇英特爾公司。他的考慮是，英特爾是世界一流企業，它能使自己面臨更大的挑戰，學習到更多的經驗，更能擴大自己的影響力，他職業上升的幅度將更大。在英特爾的七年裡，吳世雄親歷了這個世界頂尖的晶片品牌在亞太地區生根、發芽、結果的全過程。到吳世雄離開英特爾時，英特爾在臺灣與中國地區的業績整整成長了二十五倍，吳世雄成為炙手可熱的專業經理人。

吳世雄的才能被微軟的高階主管相中，在微軟高階主管的盛情邀請下，吳世雄出任微軟亞洲區首席行銷官，此間，他的行銷才能更是得到了淋漓盡致的表現。在他的努力下，微軟改變了原先在當地強硬的形象，變得更有親和力。

吳世雄之所以能夠越跳越好，越跳越高就是因為他跳槽時看重的是新公司能否帶給他更好的發展，他的能力能否得到提升、他的影響力能否增大、他的職業發展空間是否擴大。可以說他跳槽時十分理智和高明。

我們雖然未必能達到吳世雄的高度，但我們完全可以參考他跳槽時的想法，跳入能使我們有更好發展的公司，而不是選擇那些能暫時滿足心理需求卻不能使我們增值的公司。

我們要明白，我們對職業的種種要求不可能總是靠跳槽來實現，所以，我們在跳槽時一定要仔細考量新公司能否讓我們的能力有所提升、影響力有所增強，發展空間有所拓展。我們只有跳入那些能讓我們發展更好的公司，才不用再次透過跳槽的方式來滿足自己的需求。對於那些不能給我們更好發展的公司，我們要盡量捨棄，如果暫時找不到合乎要求的公司，我們寧可不跳槽。

原則五十五　跟上司跳槽未必有好結果

捨得本身就是一門大學問，人們在面對選擇時必須面對的問題就是取捨的問題。而取捨之間需要我們保持一顆冷靜而清醒的頭腦，什麼時候該取、什麼時候該捨，要進行拿捏和決斷。

在職場上進退取捨也是我們經常需要面對的事，上司跳槽要我們跟隨就是其中較為棘手的一例。

當上司向我們發出一起跳槽的邀請時，他需要我們給出一個明確的態度，而我們切記不可以草率答應上司跟隨他跳槽。沒錯，上司願意帶我們走，說明上司很看重我們，認可我們的能力，而且因為是舊的部屬關係，彼此之間很熟悉，所以到了新的工作單位就省去了與上司的磨合期，進入狀態比較快。

但是，我們必須要看到跟隨上司跳槽的風險和弊端。跟隨上司跳槽，在新公司同事的眼裡，我們是上司的人，會受到特殊待遇，所以他們會對我們心存防備，我們不容易融入到新團體中去。尤其是在人際關係比較複雜的工作環境，誰是誰的人分得很清楚，我們跟上司跳槽後很可能陷入派系劃分，新公司定會覺得你與上司關係匪淺，如果我們的上司受到重用還好，萬一他受到排擠，我們很可能連帶著遭殃。

所以，我們在收到上司的邀請時要慎重做出選擇，仔細衡量跟隨上司跳槽的利弊，做出正確的取捨。否則，盲目跟隨上司跳槽會使我們陷入尷尬境地。

阿海原本在一家日商公司工作，他對自己這份工作還算滿意。經理和他關係不錯，偶爾大家一起聊聊天，經理不時提到有人高薪挖他的事，阿海總是羨慕地說：「有這樣的好機會別忘了我啊！」

這天，經理神祕地找到阿海，對他說：「有一家公司請我過去，我打算過去，你也一起吧！起碼會升一個職階。」阿海一聽見升官不免心動起來。

但跳槽後的阿海試用期還沒過就後悔不已。這家新公司的確比原公司的規模大，但內部關係遠比過去複雜，很多人看起來普普通通，背後卻都有後臺，能力平常的人也在他面前跩得不得了，這讓阿海心理很不舒服。而他的上司雖然是被挖角過來的，但因為資歷不深，在新公司也跟林黛玉進賈府一樣，處處小心。

在新公司，上司和阿海一樣都是從零開始，為了儘早適應工作環境，上司拚命工作，為了避嫌，他對阿海要求格外嚴格。這樣一來，阿海的處境就更加尷尬了，新公司把他當成經理的人，明顯地留著一手，而上司又這樣對待自己，他覺得自己就好像爹不疼娘不愛。

更糟糕的是，本來經理和香港一家公司談好了一筆交易，但另一個部門的經理私下靠關係，把訂單拉到了自己的名下，使阿海這個部門的業績再次落後，上司無處洩憤便把阿海當成了代罪羔羊呈請高層處理，阿海忍無可忍提出辭職。

原公司是回不去了，阿海只好另找工作。但令人氣憤的是，他在應聘一家外企時，筆試第一卻遭淘汰，對方給出的理由是，阿海接連兩次跳槽讓人感覺不踏實。

現實職場中，此類事件還有很多，有和上司、老闆合作愉快很多年的職員，因為老大有新的去處，被邀請或者主動跟著去了，結果境況卻不如人意，只好啞巴吃黃連，暗自後悔。

我們在做是否跟隨上司跳槽的決定時，要冷靜思考自己目前在本公司所處的境地，以及進入新公司所能得到的益處、需要承擔的風險等問題。如果我們不進行仔細的權衡就捨棄原來的工作，跟隨上司跳槽，那麼我們很容易像阿海一樣弄得工作都丟了不說，找工作還要受到質疑。

如果阿海當時能夠弄清新公司的基本情況、了解一下裡面的人際關係，就不會輕易做出跳槽的決定，也就不會有四處奔波找工作的窘境了。

跟隨上司跳槽不是不可以，但最重要的是，我們要對現實狀況和未來發展有整體性的判斷和衡量。那麼，具體是哪些現實和未來狀況需要我們判斷、衡量的呢？

我們最先要判斷的就是，上司要帶我們走是出於什麼目的。他是真的欣賞我們，還是利用我們增強自己的實力，還是我們與他之間有利益共同點。列出跳槽上司與我們分別得到的好處，我們基本上就可以判斷他的初衷了。如果上司帶我們一起走，不是出於欣賞我們，我們就要謹慎選擇了，因為我們隨時可能成為墊腳石。

其次，我們必須考慮的是新公司各方面的情況，是否能和現在的相媲美，例如職業前景、薪資待遇、晉升空間和機會等等。如果新公司提供給我們的和現在公司提供給我們的差不多，那麼跳槽不如不跳。

我們還要考慮新公司的人際關係，跟隨上司跳槽，有可能使你免去熟悉新主管的過程，也有可能增加你融入新團隊的難度。對於人際關係複雜，而我們的上司又沒有人脈的新公司最好敬而遠之。

另外也要考慮到，如果留守，我們失去原上司的倚重能不能憑自己的能力站穩腳跟？如果不能，那麼跟隨上司跳槽後能不能繼續得到上司的賞識？

當這些問題清晰了以後，我們再作出取捨就不難了。

原則五十六　留下來與公司度難關會有大回報

公司和人一樣也會經歷風風雨雨，有時還會陷入艱難境地。面對公司可能出現的減薪、集體跳槽、癱瘓、倒閉等情況，作為員工會做出不同的選擇，有的人基於生活所迫或期望有更好的發展而選擇了另謀高就，有的人則選擇留下來與公司共度難關。

我們不能指責那些在企業危難之時選擇離開的員工，因為個人都有個人的立場，他們選擇離開也會有不同程度的收獲，不同的是，那些捨棄了穩定或高薪，選擇留下來與企業共度難關的人會得到的更多。

一般來說，能與企業同患難的員工更容易得到老闆和上司的信任和賞識，能夠得到最大的回報。世界上最受歡迎的員工不是那些卓爾不群的人，而是那些在企業危難時刻不放棄公司的人，卓爾不群的人很容易找到，但對企業有很高忠誠度的人卻很難找到。老闆們不傻，他們知道員工的專業素養是可以培養的，而肯和公司休戚與共的思想是不容易培養出來的。所以，他們對肯和公司休戚與共的人格外器重。

威爾森是舊金山一家公司的職員，主要負責幫助總經理簽單、與客戶談判等工作。他剛進公司時，公司運作良好，他的薪水也拿得很高，威爾森覺得自己選對了公司。

但是突然有一天，老闆羅伯特召開全體員工會議，宣布公司目前正面臨挑戰，因為目前正在進行的專案已經耗資幾百萬，公司發不出員工這個月的薪水，請大家見諒，下個月一起補發。員工們沒有提出異議，安安靜靜地回去工作了。

一轉眼半年過去了，雖然羅伯特辛苦奔波，但是公司資金周轉不靈，企業陷入了癱瘓狀態。別說發薪水，就連日常費用都要向銀行求救。當羅伯特把這個消息告訴給員工時，員工個個人心渙散，辭職的辭職、罷工的罷工，不到一個星期，公司剩下的人屈指可數。

這個時候，有人高薪聘請威爾森到他們公司，但威爾森始終不為所動，他對來人說：「公司景氣的時候給了我許多，現在公司有危難，我應該與公司共度難關。只要老闆沒有宣布公司倒閉，我就不會離開公司。」來人聽了威爾森的話很感嘆，他對威爾森說：「現在像你這樣的人已經不多見了，如果公司不幸倒閉，請一定要到我們公司裡來！」威爾森答應了。

情況越來越糟，最後留在羅伯特身邊的只剩威爾森一個人。羅伯特大為感動，他許諾一定要為威爾森找到好未來，當時威爾森還不知道他指什麼。

原來，羅伯特將之前的專案轉讓了，在轉讓的合約裡，羅伯特開出一個條件，就是讓威爾森擔任接受轉讓的公司的專案開發部的經理，並對他們說，只要公司在他就在，他是公司最需要的人。

威爾森加盟新公司後，出任專案部經理，新公司補齊了原公司拖欠的薪水，並對他與公司休戚與共的行為大加褒獎了一番。

經過幾年的奮鬥，威爾森成了這家公司的副總裁，而他與羅伯特始終保持著良好的關係。

威爾森在公司危難之時，捨棄了高薪工作，選擇了下來與公司共度難關，結果得到了老闆羅伯特的信任和器重，最終被推薦做了專案部經理，還得到了原本已經沒希望得到的報酬。他也因此得到了新老闆的賞識和信任。我們可以設想一下，如果羅伯特的企業沒有倒閉而是經過一段的困難時期後轉危為安，那麼威爾森將會受到羅伯特怎樣的禮遇。

那些在公司危難時刻就打退堂鼓的員工，有可能獲得一份安定的收入，但他不會有太大的突破。因為企業和老闆們真正需要的是能夠與企業同呼吸、共患難的人，如果公司可以度過危難，那麼與公司一起經歷風雨的人就更能得到上司的信任和重用；退一步說，企業真的無法渡過難關，我們的操守也會得到肯定，這也在客觀上建立了我們的人脈。我們曾經的上司和老闆們會記得這些和他們共患難的人；我們曾經的同事也會對我們的忠誠印象深刻；我們的客戶也會佩服我們這些堅守而不退縮的人……而這些人很可能會為我們提供不同的機會。

捨棄暫時的安穩或高薪誘惑，在公司面臨危難之時不做逃兵，不僅能夠展現我們的品質和德行，也能使我們在經歷艱辛之後分享到勝利的果實。如果我們能夠在公司危難之時堅守自己的工作崗位，那麼企業渡過難關之後，我們得到的回報也是可觀的。

公司不僅是老闆的公司，公司也是每個人的公司，如果我們每個人在公司危難之際都能堅守，那麼公司擺脫困境的希望就會大大增加，一旦公司擺脫困境，管理者就會將他對員工的信任和感激化作實質性的東西回饋給大家。例如，加薪、發放福利、提升職位等。

如果把公司比喻成行進中的船，那麼當它遇見大風浪時，我們一起划槳就會大大增加它的安全指數，相反，如果我們都急於奔命，棄船而逃，那麼我們不一定會遇到合適的救生圈，但這艘船一定會出問題。既然我們已經上了船，不如先捨棄一些誘惑，大家同心協力划槳，努力讓船安然度過風浪，那麼，風浪過後的彩虹我們必將分享得甜美而心安。

原則五十七　拒絕依賴，讓自己獨立

捨與得有很深的奧祕，得是獲得，是前進，是掌握，也是接受，失是捨棄，是失去，是退讓，也是拒絕。捨與得是相互轉化的，失去的背後是另一種獲得，拒絕的背後也會有另一種得到。

職場上有很多人，尤其是職場新人，經常跑到上司或同事面前，請他們幫助解決工作中遇到的問題。問題解決後，自己又不思考這個問題是怎麼解決的，下次遇到同樣的問題時，他們照常拿來問。久而久之，就養成了依賴的習慣。雖然勤學好問是一種積極的工作態度，但過於依賴他人的幫助，不僅會影響個人的形象，還會限制個人工作能力的提升，只有拒絕依賴，我們才會有更好的發展。

有很多人喜歡依賴上司，有權利做決定的事也拿來詢問上司的意見；有能力獨立完成的任務也拿來請教上司；沒做好的事情因為上司催得急，就急急忙忙地敷衍著交了上去，結果上司發現不合格後因為沒時間退回修改就自己動手重做，這樣，每次上交的工作都成了下屬做雛形、上司來修改……這樣做的後果是，上司越來越累，越來越覺得下屬辦事不利，工作能力差，如果不是萬不得已，他絕對不會起用這樣的人擔任重要任務。

也有的人習慣依賴同事，什麼事情都請同事幫忙，報表不會了交給同事來做；與客戶溝通不好，交給同事來處理；沒有信心完成的任務，讓同事代勞；與同事出差從不計畫方案，總是跟著同事隨聲附和……結果弄得同事們一見他就怕，躲著不願意幫忙。

不管是依賴同事，還是依賴上司，都會給人留下能力不足的印象，進而阻礙到我們的晉升之路。更重要的是，我們對別人的依賴，會使自己的思考能力停滯不前，工作能力得不到提升，原有的創造力被消磨，最終會被眾多的職員所淹沒，無法得到升遷加薪的機會。

小潔去年春天進入一家合資公司的市場企劃部工作，主要負責活動企劃等方面的工作。今年春天，小潔所在的部門新來了一位同事，同事的名字叫小彤。小潔一見到小彤立刻興奮起來，原來這位新同事是自己的同窗好友，兩年沒聯絡了，沒想到竟然到了同一家公司，看來兩個人的緣分不小啊！

小彤更是興奮，這麼一個好朋友在這裡罩著，還擔心自己留不下來嗎？兩個人一番寒暄之後，小潔帶著小彤學習業務，教她怎樣做企畫，怎麼編預算、怎樣拉客戶、怎樣找場地、怎樣聯絡人手等等，兩個人相處得很愉快。

因為小彤剛剛接觸這個職業，即使小潔講了一大堆工作方法，她還是無法在短時間內掌握工作內容。每到公司要求企劃活動專案時，小彤總是找小潔幫忙。一次、兩次小潔還能應付，時間久了，小潔就受不了，因為每次企劃要做兩人份的方案，所以不得不忙到很晚才回家，她真的不願意幫小彤做了。不僅如此，她還覺得以前的小彤明明很聰明，為什麼工作以後反倒遲鈍起來了呢？這點東西都學不會！

小彤知道小潔是老朋友不會見死不救，所以就算看出小潔不情願，還是一有事就找她，時常對她說：「你不幫我誰幫我啦！這裡我只認識你。」小潔只好勉為其難地幫她做。小潔想這樣下去也不是辦法，就找到小彤和她談：「小彤，以後你的工作自己要多做一點，這樣才能真的學到東西，我不能老是幫你做，這樣你永遠也掌握不了寫企畫的訣竅，創意是鍛鍊出來的，溝通能力是培養出來的，統籌力也是在工作中累積的。你如果不自己獨立完成企畫案，就沒法知道這其中的奧祕。我這麼說對不對？」小彤聽了點點頭。

此後，小彤開始嘗試自己做企畫案，前兩次不怎麼成功，但是隨著經驗的增加，思路的開闊，她漸漸掌握了企劃的核心。不僅小潔輕鬆了很多，同事和上司也對她刮目相看。

小彤的依賴使得即使身為大學同窗的同事小潔都感到負擔，可見經常依賴別人會造成別人的反感，更重要的是，小彤在小潔和上司眼裡是個不能幹的人，這對她升遷十分不利。好在，後來她聽從小潔的勸告，自己獨立完成企畫案，鍛鍊了自己的能力不說，也讓其他人對他刮目相看。

偶爾依賴別人有時會給別人一種成就感，但總是依賴別人就會給別人造成負擔，無論對自己對他人都不是一件好事，所以我們要拒絕依賴，只有這樣，我們才能夠真正地獨立起來，真正地得到別人的尊重和賞識。

那麼，我們該怎樣克服職場中的依賴現象呢？下面有幾個建議，大家不妨做做看。

第一，不要只求結果，不求方法。不要在別人幫你解決問題後，怕怕屁股走人，還要虛心請教解決問題的方法。這樣我們才能提高自己解決問題的能力。

第二，總不要只求助，不求教。擺正心態，在經過別人指導後，在自己嘗試著做一遍，培養自己的獨立性。

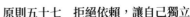

第三，變被動為主動。可以嘗試著去用自己的知識幫助別人，這樣可以獲得自我價值的平衡感，建立自身的獨立形象，擺脫依賴他人的印象。

原則五十八　適度讓利能贏得長久利益

捨與得雖然是一個對立的詞，但它們之間也會存在因果的轉換，我們想要得到，就要先捨棄，尤其是在與人合作的時候，換句話說，我們只有先捨棄一些東西，才能贏得長久合作。捨是因，得是果。

讓利就是一種捨，捨去自己一方的利益。我們在與同事、客戶、合夥人合作時，都需要進行適度的讓利，讓利能使對方接受或欣賞我們的為人或合作方案，最終達成合作意願。就同事而言，適度讓利能夠使他們願意與我們合作完成一項任務或工作流程，我們的工作也將順利進行；就客戶而言，讓利能夠使他們獲得更多的利益，他們更有興趣與我們合作。如果讓利適度且具有彈性，那麼我們就容易與他們建立長久的合作關係；就合夥人而言，讓利，不僅是我們期望與對方長期合作的意思表示，它也是我們取得長久利益的基礎。

李嘉誠在一次董事會議上對大家說：「我們公司拿百分之十的股份是公正的，拿百分之十一也是可以的，但我主張拿百分之九。」董事們有的贊成，有的反對，為此大家爭論不休。

這時，李澤鉅站起來對李嘉誠說：「爸爸，我不同意您的意見，我認為你拿百分之十一的股份沒什麼不可的，不違反道義和原則，錢賺得又多。」弟弟李澤楷也跟著說：「對呀，只拿百分之九不是太傻了嗎！」董事們聽到這裡都笑了起來。

李嘉誠卻很嚴肅地對自己的兒子說：「孩子，經商之道深著呢，不是簡單的一加一的問題，你拿百分之十一不但發不了財，還有可能沒生意做，你拿百分之九財富會滾滾而來。」

事實正如李嘉誠所說，只拿了百分之九股份的公司，生意興隆，財源滾滾。李氏兄弟不得不佩服老爹的大智慧。

李嘉誠因為讓利使得合作夥伴願意與他們建立長久的合作關係，這樣一來，他們每月、每年都會有股份抽成，形成財富成長上的細水長流。如果李嘉誠如李澤鉅等人所建議的那樣，拿合作夥伴百分之十一的股份，那麼，就算對方迫於形勢答應了李嘉誠的條件，也會心存不甘，因而會在以後的合作中提出諸多要求，如果李嘉誠不能滿足他們，他們就會終止合作，到時候公司的利益就會受到損害。即使合作夥伴不提出諸多要求，他們也會在實力增強之後，尋找新的或者條件更優厚的合作夥伴，李嘉誠同樣不能得到長久的利益。

所以說，李嘉誠眼光更長遠，明白吃得眼前虧，才能得到大利益的道理。

在職場上，我們最常接觸的就是我們的同事，與同事的合作是否有效率，直接關係到這個團隊的戰鬥力，所以與我們決不能忽視同事之間的合作。要與同事保持良好的合作關係，不只要有一定的技巧，更重要的是要學會讓利。

有些人與同事關係不好，不是因為性格難相處，而是因為過於計較自己的利益，總是想著多從同事那裡得到些好處，做起事來愛占小便宜，結果搞得同事們很反感，時間久了，大家要麼敬而遠之，要麼冷眼相對，自己只能孤立地生存在辦公室裡。事實上，這些東西未必給他們帶來好處，相反還會因為失去良好的人際關係而身心俱疲。

阿偉是個喜歡計較得失的人，平時同事請客，他都毫不客氣地前往，但輪到他請客時，他總是推三阻四，不肯痛痛快快地請，時間久了，大家都覺得他小氣、愛占便宜，漸漸地沒人再邀請他了。

不僅如此，部門主管分配下來的工作，繁瑣的、累的他都不做，總是推給其他同事。同事們對他這種做法很氣憤，找主管呈報情況，主管也沒辦法，工作按績效考核，他不做那麼多，薪水也就不高，他既然不計較自己薪水是多少，主管也不願意管。況且，公司從來不輕易解僱人，他又沒有違反什麼規定，要解僱他也是不可能的。主管不是沒跟他溝通過，但是溝通也沒有用，他就是職場上的「老油條」，你拿他沒辦法。

同事們沒辦法，只好任由他去，什麼困難的工作都不找他做，當然，他找同事幫忙，同事也不願意幫助他，有什麼加薪升遷的機會，大家也不提醒他，他成了名副其實的「兩不理」——同事不理、主管不理。

與同事交往不能太過計較，像阿偉一樣的人很容易引起同事反感，使自己處於孤立無援的地位，別說加薪升遷，能保住眼前的位置就已經不錯了。

對於那些細小的、不影響自己前程的好處，多捨棄一些，謙讓一點，對建立良好的人際關係絕對有好處。比如，部門裡分東西不夠時自己主動少分些；一些榮譽稱號多讓給即將退休的前輩；願意與其他人共同分享一筆獎金或是一項殊榮等等都能顯示出我們的豁達和大氣，讓同事們對我們抱有好感，願意與我們來往，這就是「回報」。

與客戶的合作更需要讓利，如果我們讓出的利能夠吸引到客戶，那麼我們就很容易與客戶建立起合作關係，如果我們能主動捨棄一些讓客戶感到滿意又富有彈性的利，我們就可以與客戶建立起長久的合作關係。

總之，在職場上，適度的讓利對我們有益無害。

電子書購買

國家圖書館出版品預行編目資料

職場價值：想要有好的待遇，先看看自己做對了沒？從入職、工作技巧到人際關係的 58 個職場原則，全方位訓練你成為工作大師！ / 周成功，康昱生著 . -- 第一版 . -- 臺北市：崧燁文化事業有限公司事業有限公司 , 2022.09
面； 公分
POD 版
ISBN 978-626-332-640-8(平裝)
1.CST: 職場成功法
494.35 111012035

職場價值：想要有好的待遇，先看看自己做對了沒？從入職、工作技巧到人際關係的 58 個職場原則，全方位訓練你成為工作大師！

臉書

作　　者：周成功，康昱生
發 行 人：黃振庭
出 版 者：崧燁文化事業有限公司
發 行 者：崧燁文化事業有限公司
E-mail：sonbookservice@gmail.com
粉 絲 頁：https://www.facebook.com/sonbookss/
網　　址：https://sonbook.net/
地　　址：台北市中正區重慶南路一段六十一號八樓 815 室
Rm. 815, 8F., No.61, Sec. 1, Chongqing S. Rd., Zhongzheng Dist., Taipei City 100, Taiwan
電　　話：(02) 2370-3310　　傳　　真：(02) 2388-1990
印　　刷：京峯彩色印刷有限公司（京峰數位）
律師顧問：廣華律師事務所 張珮琦律師

定　　價：350 元
發行日期：2022 年 09 月第一版
◎本書以 POD 印製